PRIYA RANJAN MISHRA
Rina Sahu
Sanchita Chakravarty

Utilização de carvão de origem indiana de baixa qualidade

PRIYA RANJAN MISHRA
Rina Sahu
Sanchita Chakravarty

Utilização de carvão de origem indiana de baixa qualidade

Análise da combustão e da pirólise do carvão

ScienciaScripts

Imprint

Any brand names and product names mentioned in this book are subject to trademark, brand or patent protection and are trademarks or registered trademarks of their respective holders. The use of brand names, product names, common names, trade names, product descriptions etc. even without a particular marking in this work is in no way to be construed to mean that such names may be regarded as unrestricted in respect of trademark and brand protection legislation and could thus be used by anyone.

Cover image: www.ingimage.com

This book is a translation from the original published under ISBN 978-620-7-46674-0.

Publisher:
Sciencia Scripts
is a trademark of
Dodo Books Indian Ocean Ltd. and OmniScriptum S.R.L publishing group

120 High Road, East Finchley, London, N2 9ED, United Kingdom
Str. Armeneasca 28/1, office 1, Chisinau MD-2012, Republic of Moldova, Europe
Printed at: see last page
ISBN: 978-620-7-91381-7

Conteúdo

RESUMO

Na Índia, a maioria dos recursos carboníferos são de qualidade inferior devido ao seu elevado teor de cinzas. No entanto, a procura de produção de eletricidade e de utilização de combustível na Índia está a aumentar rapidamente. Ainda assim, a Índia depende das centrais térmicas a carvão para a maior parte (>75%) da produção de eletricidade. Para compensar a procura, os sectores energéticos indianos e outros sectores derivados do carvão estão a tentar utilizar os carvões indianos de baixa qualidade. A pirólise do carvão foi coroada como a tecnologia de carvão limpo do século XXI na conversão de matéria orgânica em produtos de alta energia, como o gás de síntese e o óleo, juntamente com o carvão como subproduto. O presente trabalho divide-se em duas partes: na primeira parte, foram analisados os problemas de escória relacionados com a utilização de carvões indianos com elevado teor de cinzas em centrais térmicas e discutidas as soluções para os problemas de escória. Na segunda parte, a pirólise do carvão indiano com elevado teor de cinzas foi investigada utilizando a análise TGA. O efeito das cinzas na pirólise do carvão foi estudado.

O software termodinâmico FactSage foi utilizado para identificar as transições de fase e o comportamento de escória do carvão indiano de baixa classificação em condições de funcionamento da caldeira. Os resultados experimentais de AFT das cinzas de carvão foram correlacionados com os resultados termodinâmicos. A viscosidade da escória formada foi calculada utilizando o modelo Urbain da equação da viscosidade. A análise AFT convencional não fornece qualquer informação sobre as composições das escórias e das fases cristalinas. Os cálculos de viscosidade do modelo de Urbain assumem que todos os componentes da cinza estão no estado líquido da escória, não considerando a fase cristalina durante os cálculos. Em algumas experiências de funcionamento, é detectada uma baixa percentagem de fase de escória, apesar de os fornos funcionarem a temperaturas elevadas em comparação com a análise da temperatura de fluxo da análise AFT. Assim, é necessário considerar a fase cristalina para um cálculo efetivo da temperatura de fusão e da viscosidade. Nos cálculos de viscosidade do FactSage, são consideradas as fases escória-líquido e cristalina. Nos cálculos de equilíbrio termodinâmico do FactSage, a composição química das fases de escória e cristalina é determinada usando as funções de minimização de energia livre. As fases líquidas completas formaram-se a temperaturas superiores a 1500° C em todas as amostras de cinzas de carvão, o fósforo forma a fase tridimite e sillimanite que é estável a temperaturas elevadas (>1500° C). A análise AFT coincide aproximadamente com os resultados termodinâmicos. A presença de compostos básicos (CaO, MgO e K_2O) forma componentes de escória a baixa temperatura como a cordierite, a anortite e a leucite. Os cálculos de viscosidade das escórias utilizando o software FactSage e o modelo Urbain diferem por uma grande margem. Observam-se valores de viscosidade elevados nos cálculos do FactSage em comparação com o modelo Urbain. A análise química mostra que a sílica é o principal componente presente em todas as amostras de cinzas. Os resultados termodinâmicos mostram que a alumina e a sílica reagem entre si, formando uma fase estável de sillimanite a alta temperatura, que é responsável pelas elevadas temperaturas AFT nas amostras de carvão indiano. Os resultados de XRD obtidos a partir das amostras de cinzas extintas também apoiam os resultados termodinâmicos.

Os tratamentos termoquímicos de pirólise são também amplamente utilizados para examinar as alterações na composição química e as características das fases físicas a várias temperaturas na gaseificação do carvão. Trata-se de uma técnica para produzir gás de síntese e carvão para aumentar o poder calorífico. A decomposição térmica do carvão desempenha um papel vital na gaseificação e co-combustão do carvão. Durante a pirólise do carvão, ocorrem dois processos: o primeiro é a despolimerização, em que se forma vapor de água e gás, e o segundo é a despolimerização, medida quando se forma carvão. A perda de massa do carvão em função do tempo e da temperatura pode ser estimada utilizando a pirólise. Neste estudo, a maior parte da devolatilização ocorre na zona de aquecimento do processo de pirólise do carvão. Foi observada uma perda de massa total de 18% na região de pirólise do carvão.

Palavras-chave: AFT, Matéria mineral, Pirólise do carvão, Viscosidade e Jazida de carvão (Orissa)

RECONHECIMENTO

É com grande alegria que registo a minha profunda gratidão para com os meus supervisores de investigação, a **Dra. Rina Sahu,** Professora Assistente do Departamento de Engenharia Metalúrgica e de Materiais do Instituto Nacional de Tecnologia de Jamshedpur, e a **Dra. Sanchita Chakravarty,** Cientista-Chefe e Chefe do Departamento, Divisão AAC e MNP, CSIR-Laboratório Nacional de Metalurgia de Jamshedpur, Jharkhand, pela sua inspiração constante e orientação inestimável ao longo da investigação. Os seus vastos conhecimentos, conselhos e simpatia foram inestimáveis para a realização deste trabalho de investigação. Sem o seu apoio, especialmente em termos de discussões perspicazes e críticas correctivas, ter-me-ia sido impossível realizar com êxito o trabalho de investigação.

Estou profundamente grato ao nosso estimado Diretor do Instituto, Dr. K. K. Shukla, e também ao Dr. I. Chattoraj, Diretor do CSIR-National Metallurgical Laboratory, Jamshedpur, por me terem dado a oportunidade de utilizar as instalações disponíveis nas suas prestigiadas organizações.

Estou muito grato ao nosso respeitado HOD do Departamento de Engenharia Metalúrgica e de Materiais, N.I.T Jamshedpur, por ter prestado toda a ajuda e apoio necessários durante o período do trabalho de investigação.

R.P Singh, ao Dr. Ranjit Prasad e ao Dr. Balram Ambade do Instituto Nacional de Tecnologia, Jamshedpur, pelos seus conselhos e pela sua amável cooperação.

Além disso, gostaria de agradecer o apoio prestado pela Sra. R. D. Biswas e por todos os membros do pessoal da Divisão de Carvão, NML. Estou muito grato ao meu amigo S. Saida (IIT Kharagpur). Apoiou-me sempre, dia e noite, em todas as situações estranhas.

Os meus sinceros agradecimentos vão também para todos os membros do pessoal do departamento pelo seu amável apoio.

Por último, mas não menos importante, estou grato aos meus pais pelas suas bênçãos e quero também agradecer aos meus familiares por me terem dado força moral.

(Priya Ranjan Mishra)

CAPÍTULO 1

INTRODUÇÃO

1.1 História e motivação

A Índia dispõe de abundantes recursos de carvão, com 190 mil milhões de toneladas de reservas, mas com o aumento acentuado da procura deste combustível, é urgente aumentar a taxa de crescimento da produção de carvão dos actuais 6% para, pelo menos, 17%. A Índia é altamente dependente do carvão para satisfazer as necessidades energéticas de vários sectores, devido aos seus enormes recursos. No entanto, a maior parte do carvão na Índia é formada por catástrofes naturais causadas por inundações (origem em deriva), o que faz com que o carvão indiano apresente um elevado teor de cinzas ou de matéria mineral. A presença de um elevado teor de matéria mineral torna o carvão de origem indiana inferior para utilização industrial. A procura de carvão na Índia está estimada em 1,5 mil milhões de toneladas no ano fiscal de 2020, em que 20-25% do carvão provém de importações devido à qualidade inferior do carvão indiano. Para compensar as importações de carvão, o governo indiano criou sectores de I&D para utilizar o carvão de baixo grau e com elevado teor de cinzas para as necessidades energéticas. A maior parte do carvão é consumida na produção de eletricidade ou em centrais térmicas (64%), seguida da produção de ferro (8%), cimento (5%) e outras indústrias químicas (23%). Em 2020, o Ministério do Ambiente indiano decidiu anular a decisão de regulamentação do teor de cinzas (>34%), desde que as centrais eléctricas sejam responsáveis pela eliminação adequada das cinzas e cumpram as normas de emissão do Conselho Central de Controlo da Poluição, a fim de minimizar a dependência do carvão importado. Apesar do problema das cinzas volantes, as centrais térmicas também enfrentam problemas graves como a escória e a incrustação com a entrada de carvão com elevado teor de cinzas (Chakravarty et al. 2015; Banerjee et al. 2016; Saida et al. 2019; Mishra et al. 2020; Mishra et al. 2021). A escória está associada à deposição de cinzas fundidas nos permutadores de calor ou noutras regiões de baixa temperatura (song et al. 2010). Estes depósitos diminuem a eficiência dos permutadores de calor e podem mesmo danificar o forno, provocando corrosão. A limpeza regular dos depósitos de escórias é obrigatória nas caldeiras térmicas para um funcionamento eficaz e um tempo de vida prolongado. Existem várias técnicas disponíveis para a remoção de depósitos de escórias em caldeiras, como a fuligem, a fluxagem, a fusão de escórias, etc. (kumar et al. 2020). Entre todas as técnicas, a tecnologia de fusão de escórias é muito eficaz, na qual a caldeira é aquecida até ao ponto de fusão das cinzas, sendo estas recolhidas do fundo da fornalha através de orifícios. Para facilitar o fluxo da escória fundida na fornalha, é necessário manter uma viscosidade adequada, caso contrário pode acumular-se nas caldeiras devido a características de fluxo inadequadas. É do conhecimento geral que a viscosidade depende da composição da escória e das temperaturas no forno, e muito trabalho tem de ser efectuado nas escórias multicomponentes com elevado teor de sílica, que variam numa vasta gama de composições em aplicações industriais. Existem dois métodos disponíveis para a previsão da viscosidade; um é através do trabalho experimental utilizando viscosímetros e o outro é utilizando modelos matemáticos. Existem vários modelos matemáticos disponíveis para as estimativas de viscosidade com base nas suas composições (Mishra et al. 2020). Softwares termodinâmicos como o FactSage utilizaram estas equações do modelo de viscosidade das escórias para prever a viscosidade. A utilização de softwares pode eliminar os erros humanos e o consumo de tempo nos cálculos das equações matemáticas.

Uma vez que a maior parte dos depósitos de carvão indianos não são recuperáveis e o rápido aumento das necessidades energéticas torna a Índia dependente dos recursos de carvão importados. O beneficiamento de carvões para minimizar o teor de cinzas dentro dos limites permitidos é a prática mais comum desde várias décadas para a utilização de carvões indígenas na geração de eletricidade, cimento, fabricação de coque, geração de gás de síntese, etc. indústrias (Mishra et al. 2021, Behera et al. 2018, Behera et al. 2017).

Para um melhor conhecimento da questão da deposição de cinzas durante a queima de carvão em caldeiras a carvão pulverizado, são abordadas neste capítulo várias literaturas de investigação sobre os componentes minerais do carvão, a sua interação e comportamento de transformação durante a queima, os métodos de caraterização e as formas de reduzir a deposição de cinzas. Com base na revisão da literatura, são identificadas as lacunas nesta área e, assim, é determinado o objetivo desta investigação.

1.2 Esboço do livro

Esta tese está organizada em cinco grandes capítulos. A descrição de cada capítulo é apresentada de seguida:

> CAPÍTULO 1: No primeiro capítulo, é apresentada a introdução a este trabalho de investigação. Contém igualmente a ideia e a motivação subjacentes a esta investigação.

> CAPÍTULO 2: Contém a revisão da literatura necessária para esta pesquisa. Aborda a revisão dos trabalhos na área da caraterização do carvão e os métodos disponíveis para o julgamento da qualidade do carvão e da sua eficiência, utilizados para fins de centrais eléctricas e siderurgia.

> CAPÍTULO 3: Trata dos antecedentes técnicos e dos conceitos necessários para o trabalho de investigação. Contém os antecedentes e os conceitos básicos da técnica de caraterização do carvão, a análise física e química do carvão e uma breve análise do analisador TGA. Contém a montagem experimental e o procedimento adotado para este trabalho de investigação.

> CAPÍTULO 4: neste capítulo são discutidos os resultados obtidos com as várias técnicas de caraterização e quantificação. A primeira parte deste capítulo inclui a avaliação da qualidade do carvão através da caraterização do carvão por XRF, XRD, FactSage, Viscosidade, Proximidade e análise da temperatura de fusão. Na parte final do capítulo, são discutidos os resultados obtidos na análise da pirólise do carvão para compreender o comportamento cinético da combustão do carvão de baixa qualidade utilizado na indústria.

> CAPÍTULO 5 - Contém as conclusões do trabalho de investigação e indica a direção futura deste trabalho de investigação.

CAPÍTULO 2

REVISÃO DA LITERATURA

Existe uma abundância de literatura neste domínio, mas algumas das ramificações ainda não foram compreendidas. Por conseguinte, foi efectuado um estudo exaustivo da literatura para compreender melhor a aplicação e a monitorização das técnicas de combustão e gaseificação do carvão. Alguns dos resultados e conclusões mais importantes da literatura são discutidos nas secções e sub-secções seguintes.

2.1 Antecedentes

A deposição de cinzas nas superfícies de transferência de calor, embora tenha sido investigada durante muitas décadas, continua a ser um problema incómodo nas caldeiras a carvão pulverizado (Raask 1985; Bryers 1996; Baxter 2000; Zhang 2013). Durante a combustão em caldeiras a carvão, cerca de 10 a 30 por cento das cinzas geradas depositam-se no interior da fornalha, a maior parte deposita-se nos arcos na parte inferior da fornalha, enquanto o restante se deposita nas suas paredes interiores, formando posteriormente escórias de cinzas (Hurley et al. 1998). O resto das cinzas sai da caldeira como gás de combustão. No entanto, podem ainda acumular-se como depósitos de incrustações nos tubos de vapor (Hurley et al. 1998). A deposição de cinzas nas superfícies aumenta a sua resistência térmica, reduz a eficiência da transferência de calor e, em situações críticas, conduz a uma paragem súbita da instalação (Raask 1985; Zbogar et al. 2005).

Existe uma variedade de literatura sobre a investigação académica, que suscita interesses científicos e aspectos de engenharia sobre a formação de cinzas do carvão mundial, a sua deposição, as suas características e os efeitos graves da deposição de cinzas (Bryers 1996; Vuthaluru et al. 2000; Telfer et al. 2001; Vuthaluru et al. 2001; Yan et al. 2001; Li et al. 2004; Pipatmanomai et al. 2009; Luan et al. 2014; Wang et al. 2014; Li et al. 2016). Os princípios e as características da deposição de cinzas dependem da composição mineral do carvão, do projeto da caldeira e das suas condições de funcionamento, dos mecanismos de deposição. Os componentes minerais do carvão são a principal razão para o fenómeno de deposição de cinzas.

2.2 Matéria mineral no carvão

O carvão tem uma composição heterogénea, constituída por várias matérias orgânicas e inorgânicas em fases obrigatoriamente sólidas, líquidas e gasosas (Vassilev et al. 2001). Na combustão do carvão, a sua matéria orgânica é queimada, libertando energia em simultâneo. Enquanto que os seus componentes inorgânicos, conhecidos como matéria mineral, formam consequentemente cinzas após a combustão do carvão.

Como mostra a Figura 2.1, a matéria mineral pode ser classificada como minerais (excluindo e incluindo minerais) e elementos inorgânicos organicamente ligados (ou organicamente associados), dependendo da associação da matéria mineral com a parte carbonosa do carvão (Raask 1985; Bryers 1996). Os minerais excluídos que não estão associados à parte carbonosa podem ser simplesmente segregados por meios físicos (Raask 1985; Bryers 1996; Rushdi et al. 2004; Ngee 2008). Uma vez que os minerais incluídos e os componentes ligados organicamente estão intimamente ligados à parte carbonosa do carvão e estão ligados à matriz do carvão, geralmente não podem ser segregados através dos meios físicos habituais.

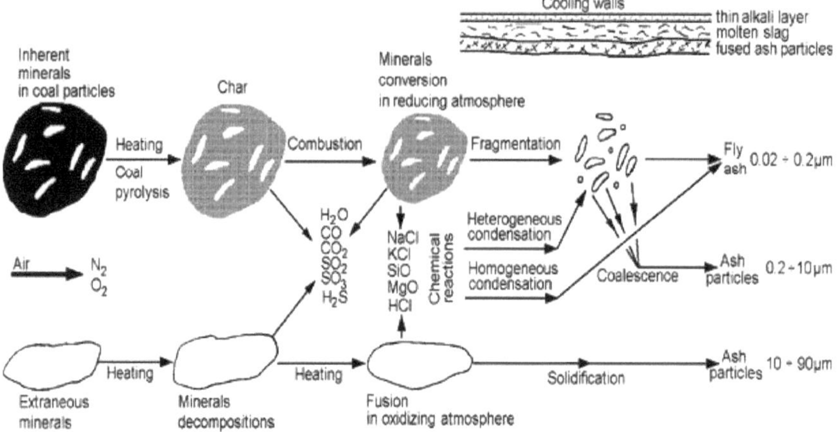

Figura 2.1: Mecanismo de transformação da matéria mineral (Tomeczek et al.2002)

2.2.1 Minerais

Na matriz do carvão, os elementos inorgânicos são predominantemente especificados como minerais (Zhang 2013). Foram encontrados 125 ou mais tipos de minerais no carvão ou nas cinzas de carvão de baixa temperatura (Klein et al. 1993; Vassilev et al. 2001). Estes incluem sulfuretos, silicatos, fosfatos, cloretos, sulfatos, carbonatos e vários outros tipos de variedades minerais. Muitos investigadores investigaram o modo de ocorrência destes minerais (minerais e fases), a sua distribuição de tamanho, morfologias, a sua abundância e origem (Yossifova 2007; Ngee 2008). Normalmente, estes grupos são apresentados por ordem decrescente de distribuição quantitativa aproximada (Bryers 1996; Wee et al. 2005; Wee et a. 2007).

De todos os minerais, os principais e mais comuns são a caulinite, o quartzo, os feldspatos, o gesso, a ilite, a pirite e a calcite (Raask 1985). Os minerais menores são geralmente cristobalita, goethita, diásporo, hexahidrita, montmorilonita, barita, clorita, zeólitas, baritocalcita, dolomita, siderita, marcassita, jarosita, mica, alunita, hematita, brucita, apatita. Os restantes minerais identificados apresentavam geralmente uma concentração de vestígios (Vassilev et al. 1995).

A classificação e a região do carvão controlam significativamente a composição e a percentagem de minerais (klein et al. 1993; Vassilev et al. 1996). Os carvões com classificações mais elevadas têm geralmente uma percentagem mais elevada de minerais como quartzo, mica, ilite, caulinite, clorite, dolomite, siderite, espinélio, hexa-hidrite e oxi-hidróxidos de Fe, o que leva a maiores proporções de Al_2O_3, SiO_2, Fe_2O_3 e TiO_2, mas menor teor de feldspatos, montmorilonite, zeólito, pirite, oxi-hidróxidos de Al, gesso, calcite, sulfatos de Al, Fe e Ba (Vassilev et al. 1996). Por outro lado, os carvões com uma classificação mais baixa têm geralmente uma percentagem mais elevada de gesso, pirite, calcite e outros subsulfatos, o que leva a maiores proporções de CaO, MgO e SO_3 (Vassilev et al. 1996). Além disso, a região carbonífera afecta grandemente a composição e a percentagem de minerais, o que leva a uma grande diferença nas fases minerais dos carvões de diferentes origens ou filões (klein et al. 1993; Vassilev et al. 1996). Consequentemente, o carvão tem uma natureza altamente heterogénea e, por isso, as tendências acima referidas na literatura podem não se aplicar a um único tipo de carvão.

8

2.2.2 Elementos inorgânicos ligados organicamente

A matéria mineral do carvão pode estar ligada organicamente à parte carbonosa do carvão. Ca, Na e Mg são os elementos mais comuns que se encontram ligados organicamente. A classificação do carvão e a região afectam grandemente a composição e a percentagem destes elementos. Normalmente, os carvões de maior classificação têm uma menor percentagem destes elementos, enquanto os carvões de menor classificação têm uma maior percentagem de elementos organicamente ligados (Zhang 2013).

2.2.3 Técnica de fracionamento químico

A técnica de fracionamento químico tem sido ultimamente utilizada para conhecer as formas e a mobilidade da matéria mineral do carvão em soluções aquosas ou ácidas (Baxter 2000; Arvelakis et al. 2002; Yu et al. 2014). A técnica possui três processos consecutivos de extração. O primeiro passo é a lavagem com água, que determina a mobilidade e as formas dos elementos solúveis em água, como Ca, Na e Cl.

A literatura revê as áreas relativas à matéria mineral do carvão, tais como modos de ocorrência, morfologia, distribuição de tamanhos, origem e abundância. Discute ainda as suas características e demonstra a natureza heterogénea do carvão.

2.2.4 Transformação de minerais

A matéria mineral passa por várias interacções minerais complexas e transforma-se em novas fases a altas temperaturas durante a combustão. A deposição de cinzas é diretamente afetada pelo comportamento da matéria mineral a temperaturas mais elevadas. Por conseguinte, para compreender a deposição de cinzas e as suas propriedades, é importante conhecer as interacções e transformações dos minerais a temperaturas de combustão mais elevadas.

2.2.4.1 Quartzo (SiO_2)

O mineral mais comum encontrado no carvão é o quartzo, com um ponto de fusão e ebulição de 1723°C e 2230°C, respetivamente (Bryers 1996). O quartzo excluído é geralmente estável e é capaz de manter a sua forma e estrutura primárias durante a combustão (Raask 1985). No entanto, a uma temperatura superior a 950°C, transforma-se noutras fases como a tridimite e a cristobalite (Bryers 1996; Wee et al. 2007). Num ambiente redutor, a sílica incluída geralmente forma monóxido de sílica (SiO) durante a queima do carvão (Bryers 1996):

$$SiO_2 + C = SiO_{(g)} + CO$$

Além disso, o monóxido de sílica continua a reagir com o oxigénio, produzindo óxido de sílica (Tomeczek et al. 2002):

$$SiO_2 + 1/2 O_2 = SiO_{2(g)}$$

As reacções acima referidas podem ser devidamente explicadas através dos mecanismos de supersaturação baseados no equilíbrio, bem como na pressão parcial de $SiO_2(g)$. Em seguida, após a recondensação do $SiO_2(g)$, são produzidos fumos de sílica (Tomeczek et al. 2002). Este processo é, nomeadamente, diferente do processo direto de volatilização-condensação durante a combustão (Ten Brink et al. 1997).

O quartzo tem várias funções durante a deposição de cinzas. Em primeiro lugar, o quartzo absorve os vapores condensados, atenua a incrustação das cinzas e captura os agregados (Bryers 1996). No entanto, as partículas salicáceas (Na_2SiO_3) formadas após a reação de absorção conduzem a eutécticos com um baixo ponto de fusão, o que leva à escória induzida pela sílica. Adicionalmente, o vidro de silicato pode ainda ser formado a baixas temperaturas na presença de potássio (Gupta et al. 1998).

2.2.4.2 Caulinite ($Al_2O_3.2SiO_2.2H_2O$)

A caulinite é a segunda fonte mais importante de sílica e é vital para prever o comportamento das cinzas. A caulinite desidrata-se para formar metacaulinite amorfa a cerca de 500°C, que mais tarde se transforma perto de 925°C em espinélio de silício. A temperaturas superiores a 1100°C ou 1400°C, forma-se mullite (Bryers 1996; Tomeczek et al. 2002; Wee et al. 2007):

$Al_2O_3.2SiO_2.2H_2O = 2H_2O + Al_2O_3.2SiO_2$ (500~925°C)

$2(Al_2O_3.2SiO_2) = SiO_2 + 2Al_2O_3.3SiO_2$ (925~1100°C)

$2Al_2O_3.3SiO_2 = SiO_2 + 2(Al_2O_3.SiO_2)$ (>1100°C)

$3(Al_2O_3.SiO_2) = 3Al_2O_3.2SiO_2 + SiO_2$ (>1400°C)

2.2.4.3 Ilite

A ilite é outro tipo de silicato com menor teor de sódio ou potássio. A fase vítrea amorfa forma-se a uma temperatura superior a 950°C. A mulita forma-se a cerca de 1100°C (Bryers 1996; Tomeczek et al. 2002).

2.2.4.4 Calcite ($CaCO_3$)

A calcite é um carbonato que tem uma baixa temperatura de decomposição de 810°C (Bryers 1996).

$CaCO_3 = CaO + CO_2$

A cal e o enxofre reagem em conjunto na presença de sulfatos, conduzindo à sulfatação do óxido de cálcio:

$CaO + SO_3 = CaSO_4$

$CaO + SO_2 + \frac{1}{2}(O_2) = CaSO_4$

O efeito da calcite incluída e excluída ainda não é bem conhecido; no entanto, as suas propriedades de fluxo são definidas (Raask 1985; Ten Brink et al. 1995; Bryers 1996; Tomeczek et al. 2002).

2.2.4.5 Siderite ($FeCO_3$)

A siderite é um carbonato que contém ferro e tem uma temperatura de decomposição de 585°C, que é a mais baixa de todos os carbonatos. Dependendo da pressão parcial da atmosfera de O_2, CO e CO_2, o ferro decompõe-se em Fe, FeO e Fe_3O_4 (Bryers 1996). Devido a várias razões, o ferro é considerado problemático para a deposição de cinzas. Em primeiro lugar, o ferro na sua forma reduzida é pegajoso e pode iniciar a escória. Em segundo lugar, pode reduzir a temperatura de fusão do aluminossilicato. Em terceiro lugar, no depósito de escórias, o ferro pode aumentar a adesão entre estes metais (Bool Iii et al. 1995). A siderite excluída tem uma menor probabilidade de criar problemas, exceto quando entra em contacto numa superfície quente com outros minerais siliciosos. Pelo contrário, a siderite incluída comporta-se como um fundente para os minerais siliciosos (Bryers 1996).

2.2.4.6 Pirite (FeS_2)

A pirite é um mineral de natureza combustível, cuja cinética de decomposição depende da taxa de reação, da difusão nos poros, da difusão em massa e da presença de impurezas indesejáveis (Bryers 1996). A pirite excluída transforma-se, a cerca de 475°C, em FeS, FeO e $Fe_2(SO_4)_3$. Estes minerais tornam-se instáveis a uma temperatura superior a 525°C e libertam S ou SO_2, o que explica a presença de Fe_2O_3 líquido a partir de 1600°C (Bryers 1996). As pirites incluídas são supostas libertar fumos de ferro, que actuam como um agente fundente para os silicatos (Bryers 1996).

2.2.4.7 Transformação de elementos ligados organicamente

A biomassa e os carvões com classificações mais baixas contêm normalmente elementos organicamente ligados como Na, Ca, Mg e K (Bryers 1996; Easterly et al. 1996; Tillman 2000). Foram discutidas as perspectivas e os seus efeitos na deposição de cinzas dos elementos organicamente ligados - Na e Ca.

2.2.4.8 Sódio ligado organicamente

O sódio ligado organicamente (NaCl) evapora-se normalmente com outros voláteis durante as fases primárias da combustão. O NaOH é um constituinte primário do gás entre os voláteis e pode formar Na2SiO3 e Na2SO4 em reação com silicatos e sulfatos (Bryers 1996). Considera-se que os silicatos de sódio causam incrustações e escórias durante a combustão, enquanto o sulfato de sódio, que tem um baixo ponto de fusão e se encontra principalmente nas superfícies de transferência de calor na região convectiva, actua como um iniciador de incrustações (Hurley et al. 1992).

2.2.4.9 Cálcio ligado organicamente

O Ca ligado organicamente é responsável pela formação de vapores reactivos submicrónicos de CaO e de cenosferas de silicato de cálcio (Bryers 1996). Estes vapores são conhecidos por iniciarem a deposição de cinzas através da formação de depósitos de sulfato de cálcio ligado em superfícies convectivas com baixas temperaturas e paredes de fornos (Bryers 1996). O Ca organicamente ligado reage então com o quartzo e o aluminossilicato, formando eutécticos a baixa temperatura, o que leva a problemas críticos de escória.

2.2.5 Interacções minerais e formação de cinzas

Para além das transformações minerais acima referidas, ocorrem também interacções minerais complexas acompanhadas de alterações físicas a altas temperaturas durante a combustão. Vários investigadores examinaram o mecanismo de formação de cinzas, uma parte do qual contendo os aspectos dos minerais e da matéria mineral foi discutida (Charon et al. 1990; Ten Brink et al. 1995; Tomeczek et al. 2002; Zhang et al. 2006; Yu et al. 2007; Wang et al. 2008; Bai et al. 2009). Em geral, os minerais excluídos sofrem transformação, fusão e solidificação durante a combustão do carvão, enquanto os elementos e minerais organicamente ligados sofrem decomposição, fragmentação, vaporização e condensação (Hurley et al. 1992).

Além disso, as interacções entre os minerais e a matéria mineral ocorrem em várias fases da formação das cinzas (Tomecezek et al. 2002). Assim, o tamanho das partículas e a química das cinzas são heterogéneos (Hurley et al. 1992; Wee et al. 2007).

2.3 Caracterização das cinzas

A revisão da matéria mineral e das suas transformações durante a combustão é essencial para compreender as formas existentes destas espécies inorgânicas durante a combustão. Uma vez que a deposição de cinzas é um processo físico-químico, as alterações físicas, como o amolecimento das partículas e a fusão das cinzas, são igualmente importantes. Assim, é necessário ter em conta outras propriedades das cinzas para a sua caraterização e para a avaliação do comportamento das cinzas durante a combustão. Para alcançar o acima exposto, as propriedades como a viscosidade das cinzas, a fusibilidade das cinzas e a sinterização das cinzas foram utilizadas nesta secção.

2.3.1 Viscosidade das cinzas

A viscosidade das cinzas de carvão é a propriedade mais importante para estimar o seu fluxo, propriedades de escória e aspectos de sinterização (Raask 1985; Al-Otoom et al. 2000). A sua viscosidade também influencia drasticamente a deposição inicial de cinzas (Srinivasachar et al. 1991) e o desenvolvimento da resistência no depósito (Raask 1985; Bryers 1996). A viscosidade das cinzas pode ser estimada através de vários procedimentos, assumindo que a escória líquida é um fluido newtoniano (Bryers 1996) ou um fluido não-newtoniano (Tonmukayakul et al. 2002).

Com exceção do potássio, que aumenta a viscosidade das escórias de aluminossilicato, os outros alcalinos presentes nas cinzas diminuem a viscosidade das escórias de aluminossilicato (Raask 1985). São utilizados vários módulos computacionais para avaliar a viscosidade das amostras de carvão.

2.3.1.1 Cálculos de viscosidade utilizando um FactSage Modelling

O módulo FactSage 6.4 Viscosity foi utilizado para calcular a viscosidade. A viscosidade das escórias foi medida utilizando a teoria molecular e a equação de Arrhenius (Van Dyk et al. 2009).

$$\eta = A\exp\left(\frac{E}{RT}\right)\ \ldots\ldots(2.1)$$

2.3.1.2 Cálculos da viscosidade utilizando um modelo Urbain modificado

A viscosidade das cinzas de carvão é determinada utilizando os modelos Urbain modificados (Van Dyk et al. 2009; Mills et al. 1999; Kondratiev et al. 2002; Pati et al. 2018; Liu et al. 2013). A Figura 2.2 mostra as fórmulas para calcular a viscosidade utilizando o modelo Urbain.

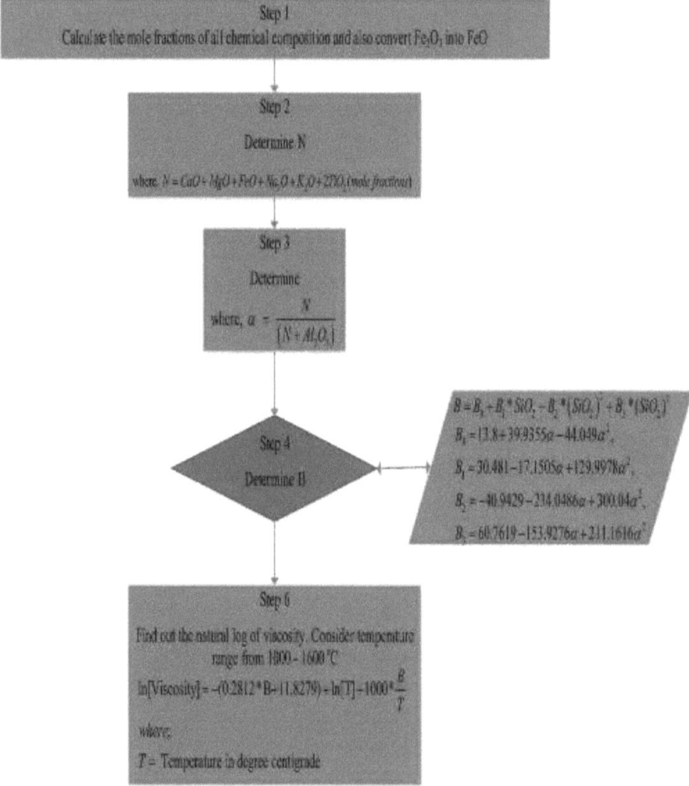

Figura 2.2: Processo do Modelo Urbain

2.3.1.3 Viscosidade Roscoe

O modelo de Urbain não prevê a viscosidade das misturas sólido-escória coloidais. Para estimar a viscosidade de vários tipos de misturas, foram apresentadas várias equações. A influência da fração de partículas sólidas na viscosidade das misturas de escórias foi calculada utilizando a equação de Roscoe (Roscoe. R 1952; Kondratiev. K e Jak. E 2001).

$$(V_{is})_s = (V_{is})_L (1 - f_s)^{-2.5}$$

Onde

$(V_{is})_S$ - escória (sólida) viscosidade da suspensão

$(V_{is})_L$ - escória (liq.) viscosidade

(f_s) - fração de líquido

O software FactSage foi utilizado para calcular a fração de fases sólidas.

2.3.2 Fusibilidade das cinzas

A fusibilidade das cinzas é uma propriedade essencial das cinzas, determinando a sua propensão para a formação de incrustações e escórias a altas temperaturas durante a combustão. A abordagem convencional na Austrália para caraterizar a fusibilidade das cinzas foi discutida (wall et al. 1999). Esta abordagem tem em conta as alterações nas dimensões de um cone de cinza com a temperatura. A abordagem acima referida identifica ainda quatro temperaturas características - DT, ST, HT e FT. A uma temperatura de fusão das cinzas mais baixa, as partículas de cinzas tendem a fundir-se facilmente e a aderir umas às outras durante a combustão, dando origem a partículas maiores ou aderindo às superfícies de transferência de calor. Na prática, o conceito de temperatura de fusão das cinzas tem como objetivo facilitar a utilização do carvão e das misturas de carvão (Jak 2002). A seleção do gás de saída do forno depende normalmente da temperatura de deformação das cinzas. Para além dos ensaios gerais de fusão das cinzas, alguns ensaios melhorados de fusão das cinzas (Kahraman et al. 1999) e a análise termomecânica (TMA) (Wall et al. 1999) também estão a ser aplicados para estimar as temperaturas de fusão das cinzas. Para prever as TFA, estão também a ser utilizados índices empíricos, bem como estimativas de equilíbrio termodinâmico. Os índices gerais incluem o rácio básico/ácido, o rácio sílica/alumina e o teor de ferro no carvão (Jak et al. 1998; Yan et al. 2001; Jak 2002).

Além disso, os eutécticos com um ponto de fusão baixo (apresentados na Tabela 2.1) também conduzem a AFTs baixos para algumas cinzas. Adicionalmente, a atmosfera gasosa também afecta a AFT. Os AFTs são geralmente baixos num ambiente redutor do que num ambiente oxidante (Raask 1985; Jing et al. 2013).

Uma vez que os ensaios de fusão de cinzas fornecem uma análise qualitativa, a sua utilidade e exatidão estão constantemente a ser questionadas (Wall et al. 1999; Goni et al. 2003). Além disso, a temperatura de deformação inicial estimada através do ensaio de fusão de cinzas provou ser incorrecta, uma vez que uma quantidade considerável de fase líquida já está formada a essa temperatura (Al-Otoom et al. 2000). Além disso, a temperatura de início do amolecimento das cinzas é a temperatura de sinterização, que é muito inferior à temperatura de deformação.

Tabela 2.1: Resumo dos eutécticos a baixa temperatura durante o processo de fusão das cinzas

Autor	Eutécticos	Temperatura eutéctica ou temperatura de fusão (°C)	Outros
Wall, T.F., et al (Wall et al. 1998)	"SÌO2-Al2O3-K2O"	923,985	Rica em K, pobre em K
		1088-1205	Arranque do ferro e união do ferro com mulita a 1205 °C
Bryers 1996	Na2S2O7	404	SO₃ nível >200ppm
	K2S2O7	393	SO₃ nível >200ppm

2.3.2.1 Escória

A escória pode causar três problemas operacionais durante a combustão (Su et al. 2001): em primeiro lugar, a escória pode desenvolver-se na parede, o que aumenta a resistência térmica da superfície de transferência de calor; além disso, a escória pode criar corrosão; e, em terceiro lugar, a escória pode cair e, adicionalmente, cair na parte inferior da superfície, o que pode danificar os tubos e bloquear as tremonhas.

Em geral, sem mecanismos de remoção de cinzas, como o sopro de fuligem, a escória de cinzas formada tem três camadas (Erickson et al. 1995; Gupta et al. 2002). Uma camada inicial é adjacente à parede, que é frequentemente formada por partículas finas de cinzas, resultando na formação de um depósito de partículas. Uma camada intermédia é a camada maior do depósito, formada por partículas de cinzas deformáveis e não deformáveis, que é frequentemente parcialmente fundida ou sinterizada. Uma camada exterior do depósito encontra-se na superfície exterior do depósito, que é frequentemente fundida.

A formação de escórias é um processo físico-químico complexo (Bryers 1996). Inicialmente, as partículas finas de cinzas ou partículas pegajosas chegariam às superfícies do tubo, levando à irregularidade da superfície e ao aumento da temperatura das partículas de cinzas (Raask 1985; Erickson et al. 1995). medida que a temperatura aumenta, as partículas com baixa temperatura de fusão começam a sinterizar-se, a deformar-se e, eventualmente, a fundir-se, levando à presença de fases líquidas (Bryers 1996). A presença de fases líquidas aumenta a captura de partículas de cinzas pegajosas e não pegajosas, levando a um rápido crescimento do depósito de cinzas e a um aumento do tamanho do depósito (Wee et al. 2006). Estes depósitos podem reagir com outros componentes sob a forma de fases gasosas, fases sólidas e fases líquidas, levando a um aumento da fusão e das interacções minerais (Benson 1998). Como resultado, formam-se escórias de cinzas com a superfície do depósito completamente fundida. Sob a influência da gravidade, por vezes pode ocorrer o derramamento de depósitos, levando à repetição e derramamento de depósitos de cinzas (Su et al. 2001; Sato et al. 2015).

2.3.2.2 Incrustações

As incrustações referem-se à deposição de cinzas em áreas de transferência de calor por convecção, os depósitos de incrustações também diminuem os coeficientes de transferência de calor, aumentam a corrosão e têm o potencial de cair ou descer à medida que o depósito se acumula. Em comparação com os depósitos de escória, os depósitos de incrustações normalmente não contêm níveis elevados de fases líquidas (Su et al. 2003). No entanto, as características do depósito variam drasticamente, desde depósitos fortes e altamente fundidos até depósitos fracos e pulverulentos (Erickson et al. 1995). A estrutura dos depósitos de cinzas de incrustação consiste geralmente numa camada interior que consiste principalmente em partículas finas e vapores condensados, principalmente sulfatos alcalinos e alcalino-terrosos, a camada intermédia de cinzas parcialmente fundidas ou fundidas ou partículas ligeiramente sinterizadas, geralmente enriquecidas em constituintes básicos, e a camada exterior com cinzas semi-fundidas ou sinterizadas que têm uma composição semelhante à das cinzas volantes arrastadas (Couch 1994; Erickson et al. 1995; Su et al. 2003; Kalisz et al. 2005).

2.3.3 Sinterização de cinzas

A sinterização é considerada como a ligação ou união de partículas vizinhas devido ao excesso de energia superficial, geralmente num meio pulverulento (Al-Otoom et al. 2000). É responsável por numerosos problemas relacionados com as cinzas, como a aglomeração de leitos ou a deposição de cinzas (Skrifvars et al. 1992; Al-Otoom et al. 2000). A sinterização ocorre geralmente antes do início da fusão e a uma temperatura muito inferior à IDT indicada pela ASTM (Bryers 1996).

A atmosfera de gás e a sua pressão afectam a temperatura de sinterização (Nowok et al. 1998; Haykiri-Acma et al. 2010; Jing et al. 2011). A temperatura de sinterização é geralmente reduzida por alta pressão, uma vez que facilita a interação mineral. Além disso, a redução da atmosfera facilita a formação de eutécticos, levando a uma temperatura de sinterização mais baixa (Jing et al. 2011).

As propriedades das cinzas dependem da temperatura de incineração. Normalmente, as cinzas a baixa temperatura têm temperaturas de fusão e sinterização baixas, enquanto as cinzas a alta temperatura têm temperaturas de fusão e sinterização comparativamente altas, devido a diferentes conteúdos minerais e químicos (jing et al. 2013).

A deposição de cinzas é um processo de deposição selectiva, pelo que, à medida que os depósitos crescem, cada amostra de cinzas é incapaz de se depositar (Baxter 2000). Assim, os depósitos de cinzas podem variar em teor e estrutura de cinzas com a profundidade.

2.4 Deposição de cinzas

Esta secção apresenta uma análise do mecanismo de deposição de cinzas, das suas características, do seu crescimento, do desenvolvimento da sua resistência e dos modelos/estimativas mais recentes. Vários investigadores examinaram o mecanismo de deposição de cinzas, tendo sido referido por Baxter (Baxter 2000), Raask (Raask 1985) e Zhang (Zhang 2013). O mecanismo de deposição de cinzas é, no seu conjunto, um conjunto de condensação de vapor de gás, termoforese de partículas finas de cinzas e aderência de partículas grossas de cinzas e também reacções químicas. A propensão para a escória e a incrustação das cinzas tem sido amplamente estudada na literatura (Couch 1994; Boll Iii et al. 1995; Erickson et al. 1995; Ram et al. 1995; Jak et al. 1998; McLennan et al. 2000; Rezaei et al. 2000; Kondratiev et al. 2001; Su et al. 2001; Russell et al. 2002; Rushdi et al 2005; Barroso et al. 2006; Kupka et al. 2008; Degereji et al. 2012). A modelação das propensões de escória deve ter em conta a capacidade de remoção das cinzas, a taxa de crescimento e a transferência de calor (Erickson et al. 1995; Senior 1997).

A revisão acima fornece uma base sólida para compreender a deposição de cinzas e o comportamento do depósito.

2.4.1 Condensação

A condensação é um método de deposição em que os vapores se depositam em superfícies com temperaturas mais baixas do que as do meio envolvente (Baxter 2000). Dependendo do comportamento de depósito dos vapores, a condensação pode ser categorizada em homogénea e heterogénea (Raask 1985).

2.4.2 Termoforese

A termoforese é um método de deposição em que o gradiente térmico local entre o gás e as superfícies de transferência de calor induz a separação e a deposição das partículas suspensas no gás (Raask 1985).

2.4.3 Impactação por inércia e aderência das partículas

A impactação por inércia é um método em que as partículas de cinza com inércia adequada para atravessar os fluxos de gás são depositadas nas superfícies de transferência de calor. É geralmente eficiente para a deposição de cinzas a granel e para partículas com um tamanho superior a 10 μm, o que resulta em depósitos com grãos grosseiros (Raask 1985; Baxter 2000).

2.5 Estratégias de atenuação da deposição de cinzas

Como já foi referido, a deposição de cinzas está relacionada com a matéria mineral do carvão, as condições de funcionamento e o projeto da caldeira. Em grande escala, compreender o problema da deposição de cinzas é fornecer orientações para a conceção da caldeira e gerir e controlar a deposição de cinzas a um nível "aceitável", de modo a que as caldeiras de serviço público sejam operadas de forma económica e eficiente. Para tal, foram envidados grandes esforços para gerir e mitigar a deposição de cinzas utilizando diferentes métodos, desde a alteração da matéria mineral do carvão até à otimização das condições de funcionamento e do projeto da caldeira (Ohman et al. 2004; Rushdi et al. 2004; Gupta 2005; Lokare et al. 2006; Takuwa et al. 2007; Wigley et al. 2007; Li et al. 2010; Ctvrtnickova et al. 2011; Huang et al. 2013; Zhou et al. 2014).

2.6 Análise termoquímica do carvão

Foi efectuada uma análise termoquímica do carvão para analisar os diagramas de fases de equilíbrio e a viscosidade. A base de dados do módulo FToxid do FactSage é enriquecida com informações sobre o cálculo das fases líquidas das cinzas de carvão (Bale et al. 2016).

Os diagramas binários e ternários foram traçados respeitando as restrições e axiomas da termodinâmica, como a regra da fase de Gibbs, para compreender o comportamento de decomposição numa gama de temperaturas (Harvey et al. 2020). Muitas pesquisas relataram o uso do software termodinâmico FactSage para entender melhor o efeito da composição mineral na AFT das cinzas de carvão (Hanxu et al. 2006; Song et al. 2010; Mishra et al. 2016; Banerjee et al. 2016; Kumar et al. 2020). Para avaliar o comportamento das cinzas das amostras de carvão de Huainan, Hanxu et al. 2006 utilizaram o software termodinâmico FactSage.

2.7 Gaseificação do carvão

Como o carvão é um recurso de combustível fóssil, o seu rápido esgotamento é um fator significativo quando se considera a energia sustentável para as gerações futuras (Daggupati et al. 2011). Pensa-se que as reservas mundiais de carvão mineralizável podem esgotar-se em cerca de 150 anos ou menos, à taxa de produção atual para satisfazer a procura de energia, mas representam apenas 15% a 20% da totalidade das reservas de carvão do mundo. As restantes reservas de carvão não-minerável estão estimadas em 18 triliões de toneladas, o que representa dez vezes mais do que as reservas recuperáveis (Caillé et al. 2007; Roddy e Younger 2010). Se estes carvões não recuperáveis puderem ser utilizados, a procura de energia pode ser compensada durante mais cem anos.

A gaseificação do carvão é uma das tecnologias emergentes para a utilização de reservas de carvão não-mineráveis. Neste processo, o carvão é convertido em combustível gasoso, denominado gás de produto, sem qualquer operação mineira intermédia. O processo completo de gaseificação das camadas de carvão é apresentado na Figura 2.2. Os recursos de carvão de baixa qualidade também podem ser efetivamente utilizados para a produção de gás de síntese, uma vez que não são utilizáveis em centrais térmicas convencionais (Shackley et al. 2006; Burton et al. 2006; Khadse et al. 2007).

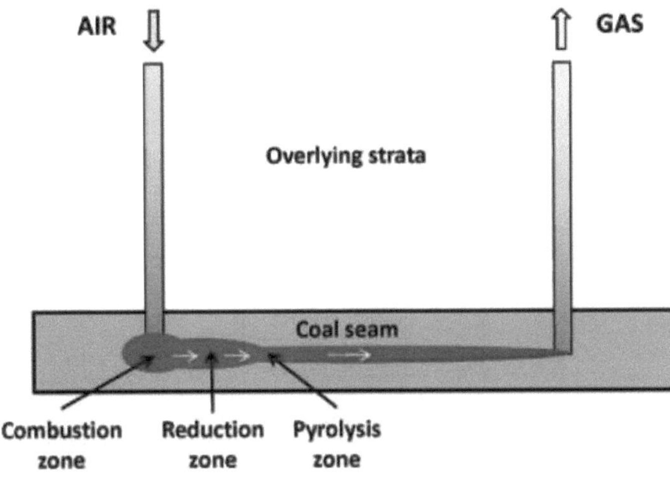

Figura 2.3: Processo de gaseificação subterrânea do carvão (Metcalf 2013)

Existem duas técnicas disponíveis na gaseificação geral; i) na presença de fluxo ou ar ou outros agentes oxidantes, e ii) na ausência de oxidante. No primeiro processo, o oxidante foi fornecido para oxidar parcialmente o carvão e os gases do produto final contendo combustíveis parcialmente oxidados foram utilizados como fonte de energia. No segundo processo, o carvão é aquecido a altas temperaturas para romper a ligação entre o carvão e gerar combustíveis de hidrocarbonetos que actuam como fonte de energia no fornecimento de eletricidade, e este processo é designado por "pirólise do carvão". Existem três tipos de produtos obtidos após o processo de gaseificação do carvão, que são o gás de síntese ou gás de produção, o combustível líquido e a matéria mineira. Devido às quantidades inferiores de combustíveis fósseis líquidos e gasosos, a conversão de carvão sólido abundante em combustível líquido ou gasoso é promissora nos dias de hoje (Mushtaq et al. 2014).

Há vários estudos efectuados sobre o efeito de diferentes parâmetros nas características da pirólise do carvão. Durante a pirólise, forma-se também alcatrão como subproduto, que é também referido como a ameaça para a pirólise do carvão e o fluxograma de reação da pirólise é apresentado na Figura 2.3. A formação excessiva de alcatrão retarda a quantidade de gás combustível produzida e também provoca bloqueios no sistema. Tem-se trabalhado na gaseificação ou pirólise para minimizar a formação de alcatrão e para minimizar as temperaturas de pirólise. A Tabela 2.2 demonstra os diferentes estudos de pirólise de carvões de origem indiana, que ilustram a dependência da energia de ativação em relação à origem do carvão.

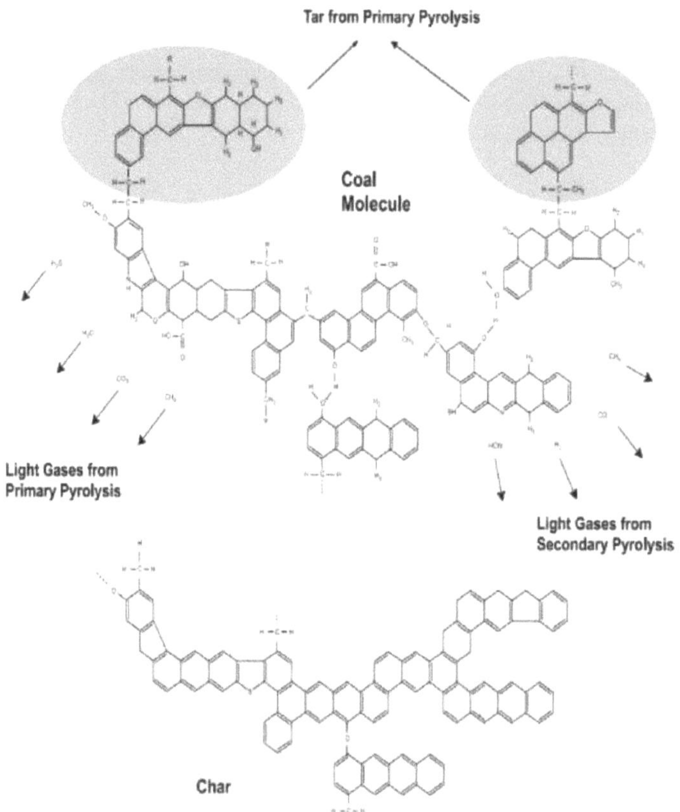

Figura 2.4: Fluxograma de reação da pirólise do carvão (versa et al. 2002)

Tabela 2.2: Demonstra as diferentes pirólises dos carvões de origem indiana

Origem do carvão	Análise	Gama de temperaturas (^{o} C)	Ativação Energia (KJ/mol)	Referência
Akhunushaba - Nagaland	Isotérmico Pirólise	450-1000	156	
Sutanga- Meghalaya	Isotérmico Pirólise	450-1000	177	
Mondiati- Meghalaya	Isotérmico Pirólise	450-1000	228	Baruah, B.P., e Khare, P (2007)
Khlieriat- Meghalaya	Isotérmico Pirólise	450-1000	38	
Bapung- Meghalaya	Isotérmico Pirólise	450-1000	90	
Bacia hidrográfica de Salanpur-Raniganj	Não Isotérmico	<175 175-400	9.05 87.65	

18

	Pirólise	400-600	219.19	
		600-1000	16.05	
Sonepur Bazari-Bacia do Raniganj	Não Isotérmico	<175	15.79	Raghuvanshi, G. et al. (2020)
		175-400	93.54	
	Pirólise	400-600	345.42	
		600-1000	48.57	
Nirsa-Raniganj	Não Isotérmico	<175	9.24	
		175-400	88.8	
	Pirólise	400-600	181.98	
		600-1000	21.37	

2.8 Conclusão da revisão da literatura e implicações para a investigação atual

A investigação anterior criou uma base de informação sólida sobre a caraterização do carvão e das cinzas, a deposição de cinzas e o desenvolvimento de depósitos, o comportamento dos depósitos e as estratégias de mitigação da deposição durante a combustão de carvão pulverizado. A matéria mineral no carvão depende do tipo de carvão e da região. Por conseguinte, é importante caraterizar a matéria mineral noutro carvão ou num carvão não bem informado para compreender os problemas de deposição.

Durante a combustão do carvão indiano, as caldeiras sofrem graves incrustações de cinzas e escórias devido ao elevado teor de álcalis. No entanto, a deposição de cinzas e a viscosidade durante a combustão de carvão com elevado teor de cinzas são menos conhecidas. Em segundo lugar, o efeito dos AFT na deposição de cinzas e na transformação mineral é complexo e imprevisível, embora o agente de fluxo de carvão (CaO, MgO) seja amplamente utilizado para gerir a deposição de cinzas (comportamento de escória e incrustação). Em particular, podem ocorrer interacções minerais entre diferentes carvões, podendo resultar em propriedades de cinzas totalmente diferentes e o comportamento de depósito durante a combustão de carvões é ainda necessário para compreender o efeito das cinzas de carvão nas AFT.

A maioria dos depósitos de carvão da Índia não é recuperável, pelo que o país se tornou mais dependente de recursos de carvão importados. A gaseificação subterrânea destes recursos carboníferos, que foram aquecidos na ausência de ar para produzir gás de síntese e outros produtos derivados do alcatrão, pode ser a melhor solução para este problema energético. O gás de síntese ou carvão gaseificado é uma fonte potencial de energia rica e limpa que a maioria dos sectores industriais está a investigar para a sua aplicação prática como substituto da tecnologia de combustão do carvão. Portanto, o beneficiamento de carvões para minimizar o teor de cinzas dentro dos limites permitidos é a prática mais comum desde várias décadas para a utilização de carvões indígenas na geração de eletricidade, cimento, fabricação de coque, geração de gás de síntese, etc. indústrias (Behera et al. 2018). Dependendo da revisão da literatura, as deficiências nesta área são encontradas e, portanto, o objetivo desta pesquisa é determinado.

2.9 Objetivo

O objetivo desta tese é adquirir conhecimentos fundamentais sobre os problemas enfrentados nas caldeiras térmicas e as características de pirólise de carvões de origem indiana com elevado teor de cinzas. A modelação termodinâmica das transições de fase dos componentes das cinzas nas temperaturas de funcionamento da caldeira foi investigada utilizando o software FactSage. As características de fusão das cinzas são descritas pelo comportamento das cinzas indianas com elevado teor de sílica nas condições de funcionamento das centrais térmicas. As características de pirólise do carvão indiano com alto teor de cinzas foram estudadas usando a análise TGA, e o efeito da variação do componente de cinzas na pirólise foi antecipado.

Objectivos específicos:

* Identificar as temperaturas de formação de escórias e a viscosidade das cinzas de carvão indiano em condições de funcionamento da caldeira.

* Modelar a formação de escórias utilizando o FactSage e equações matemáticas para correlacionar com resultados experimentais de AFT de cinzas de carvão indiano.

* Análise termogravimétrica da pirólise de carvão indiano com elevado teor de cinzas.

* Descobrir o efeito do teor de cinzas na gaseificação do carvão durante o processo de pirólise.

CAPÍTULO 3

METODOLOGIA E EXPERIMENTAÇÃO TÉCNICAS

Para atingir o objetivo pretendido e os objectivos específicos definidos com base na literatura, foram seguidos os seguintes passos para a amostragem do carvão. Foram realizadas várias técnicas analíticas e trabalhos experimentais para avaliar a adequação e o desempenho do carvão de baixa qualidade utilizado nas indústrias.

3.1 Materiais e técnicas de amostragem

3.1.1 Amostragem global das características do carvão e análise analítica

Foram obtidas várias amostras de carvão da jazida de carvão de Talcher, em Orissa. As amostras de carvão obtidas foram primeiro pulverizadas até um tamanho de 3 mm por uma trituradora de maxilas. Em seguida, foram trituradas até 1 mm com uma trituradora de rolos e, finalmente, pulverizadas até 212 microns (72 mesh) num moinho de bolas. Para a preparação da amostra (Figura 3.1), foi utilizado o método da amostra global (IS- 436 PART-1). O rendimento das cinzas, a análise proximal e a análise final foram efectuados de acordo com as normas ASTM - ASTM D3174-04 (2005), ASTM D3173-03 (2005) e ASTM D3175-02 (2005), respetivamente. Numa atmosfera oxidante, o teste de fusibilidade foi efectuado com um analisador AFT (AF 700). As fases minerais foram identificadas utilizando o método de difração de raios X. Para identificar as diferentes fases nas amostras de carvão, foi utilizado o modelo termodinâmico do FactSage.

O método global de amostragem inclui a divisão do carvão em três secções, em função do seu teor de cinzas. As secções com um teor de cinzas <40% são designadas por carvão. As secções com um teor de cinzas entre 40% e 55% são designadas por carvão salino. As secções com um teor de cinzas entre 55%-75% são designadas por carb. A mistura de carvão e carvão Shally é conhecida como BCS.

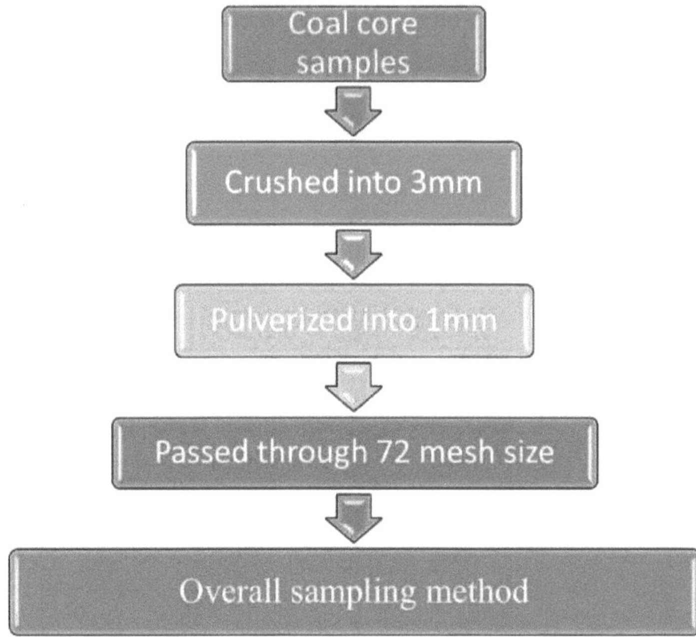

Figura 3.1: Processo global de amostragem

3.1.2 Preparação das amostras para a análise da pirólise do carvão

A amostra da cabeça foi triturada num triturador de maxilas e num moinho de bolas planetário, de acordo com a norma IS 437:1979. O método para obter as diferentes densidades de tamanho consistiu na separação de aproximadamente 1 kg de carvão Talcher utilizando o método de flutuação e afundamento mencionado anteriormente, utilizando uma combinação de benzeno (0,87 gm/cm3) e bromofórmio (2,89 g/cm3) como meios densos, como mostra a Figura 3.2.

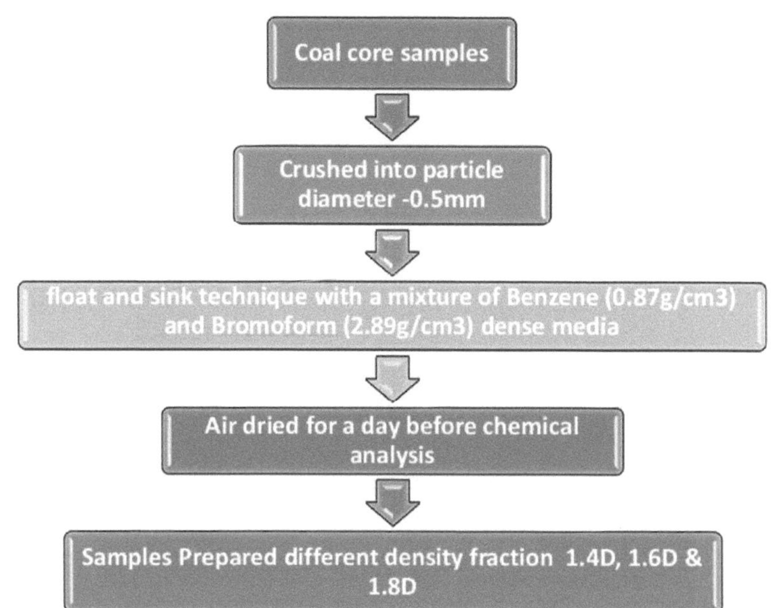

Figura 3.2: Técnicas de amostragem por imersão e flutuação

3.2 Equipamento experimental e caracterizações

3.2.1 Análise aproximada em forno de mufla

A análise proximal é utilizada para avaliar a qualidade do carvão e a sua utilização eficiente para efeitos de combustão, carbonização e gaseificação. A humidade, as cinzas e o VM são determinados através da análise proximal efectuada em forno de mufla e em forno, como se mostra nas figuras 3.3 e 3.4.

Figura 3.3: Forno (VAIOMETRA)

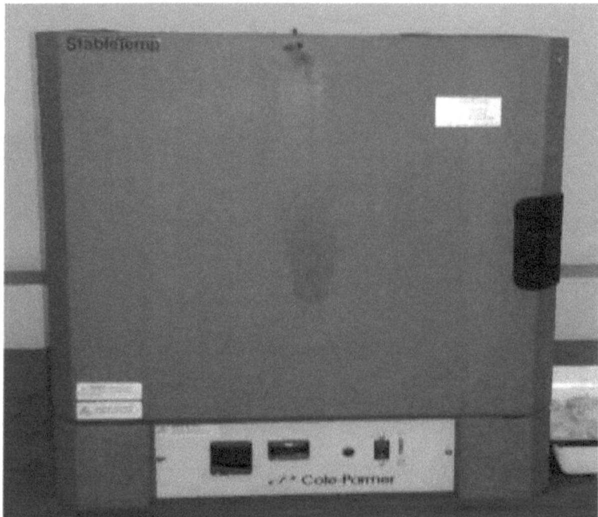

Figura 3.4: Forno de mufla (carvoeiro)

3.2.2 Análise final com o Vario EL III

A composição química das amostras de carvão é determinada através da análise final utilizando o Vario EL III (Figura 3.5). Esta análise é efectuada em amostras de carvão secas ao ar, de dimensões
212 microns. A análise indica a percentagem de cada elemento encontrado na amostra de carvão, como o carbono, o azoto, o hidrogénio, o enxofre (orgânico) e o oxigénio. As percentagens de C, N, H e S são indicadas diretamente, enquanto a percentagem de oxigénio é determinada por diferença.

Figura 3.5: Determinador Vario EL lll C, H, N, S

3.2.3 Análise XRF utilizando S8 TIGER

Na análise por XRF foi utilizada uma amostra de carvão em pó de 200 mesh. Para remover a humidade, a amostra de carvão em pó é mantida a 105° C num forno. Em seguida, é arrefecida e preparada para a peletização através de uma prensa de paletes. Obtém-se uma precisão de resultado de 80-90% no caso de uma técnica sem padrão, ou seja, quando a natureza da amostra é desconhecida e não é escolhido um padrão. Neste caso, o analisador de cinzas (ilustrado na Figura 3.6) utiliza um desvio na energia ou no comprimento de onda.

Figura 3.6: Determinador de análise de cinzas S8 Tiger

3.2.4 Análise AFT utilizando o Leco AF 700

A figura 3.7 mostra o analisador AFTs. 3-5g de amostras de carvão foram passadas através de um peneiro de 250 microns. O prato foi colocado numa mufla não aquecida e depois aquecido até ficar vermelho. A amostra de carvão foi completamente convertida em cinzas no intervalo de temperatura de 800 -900^{oo} C (1470 -1650^{oo} F). A amostra foi colocada em forma de cone num local adequado para secar antes de ser submetida a cálculos computorizados.

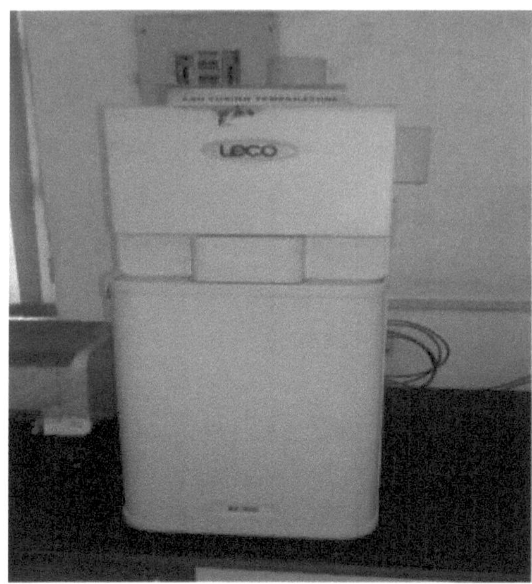

Figura 3.7: Determinador AFT (Leco AF 700)

3.2.5 Análise XRD com D8 Discover

A DRX foi efectuada a (5°-80°)/ (2θ) e 2°/min (corretor D8 Discover Figura 3.8) como velocidade de varrimento com radiação CuKα filtrada por Ni. O padrão de difração mostra a proporcionalidade entre a altura dos picos e as respectivas concentrações de minerais (Vassile et al. 1995).

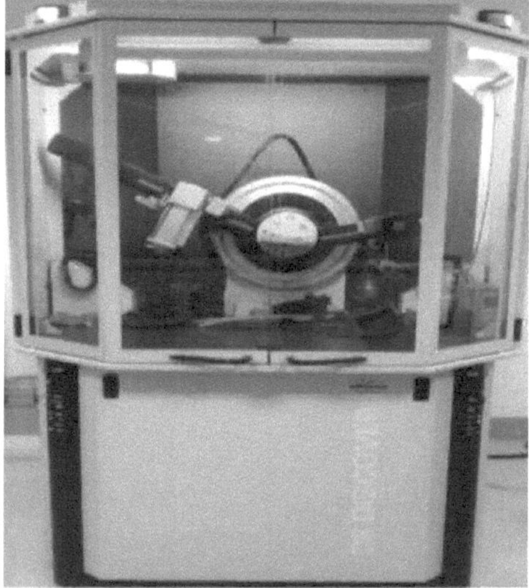

Figura 3.8: Analisador XRD

3.2.6 Análise do Poder Calorífico Bruto utilizando o calorímetro Parr 6200

A análise GCV é efectuada numa atmosfera de oxigénio, como se mostra na figura 3.9. A amostra de carvão pesando 1gm é mantida num cadinho com um fio fusível a tocar a pastilha sólida e a amostra líquida. Depois de manter a amostra no calorímetro, coloca-se oxigénio no mesmo. Um balde contendo 2L de água é mantido dentro do calorímetro. De seguida, o fio de ignição é ligado aos terminais da bomba 1108. Após a padronização, liga-se o interruptor de alimentação e aguardam-se os resultados.

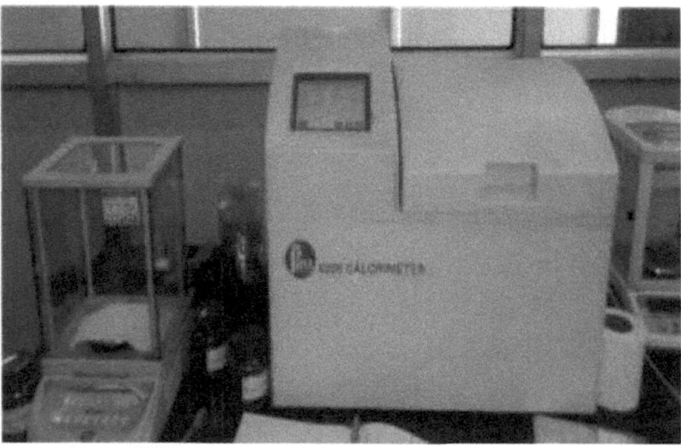

Figura 3.9: Calorímetro Parr 6200

3.2.7 Módulo de Termodinâmica FactSage

O FactSage é um software termodinâmico que combina o Fact-Win e o ChemSage, dois sistemas termoquímicos computacionais bem conhecidos. Os módulos de cálculo termodinâmico no FactSage (Figura 3.10) incluem 1) Reação, 2) Predom, 3) Equilíbrio, 4) E-Ph e 5) Dia de fase. Os módulos "Equilibria" e "Phase dia" são utilizados para determinar o estado de equilíbrio de várias fases e as temperaturas de liquidus (Bale et al. 2016; Gheribi et al. 2012). Os cálculos termodinâmicos actuais baseiam-se na base de dados FTOxid.

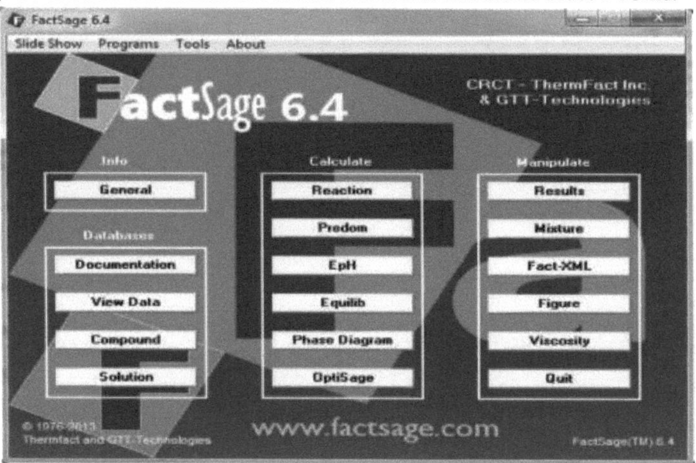

Figura 3.10: Janela principal da versão 6.4 do Factsage

3.2.8 Análise termogravimétrica utilizando o analisador de termogravimetria

A TGA é utilizada para a análise térmica ilustrada na Figura 3.11. Esta medição fornece informações sobre fenómenos físicos e químicos, como as quimisorções e a decomposição térmica. As diferentes partes da curva TG apresentam informações importantes sobre o processo de combustão do carvão.

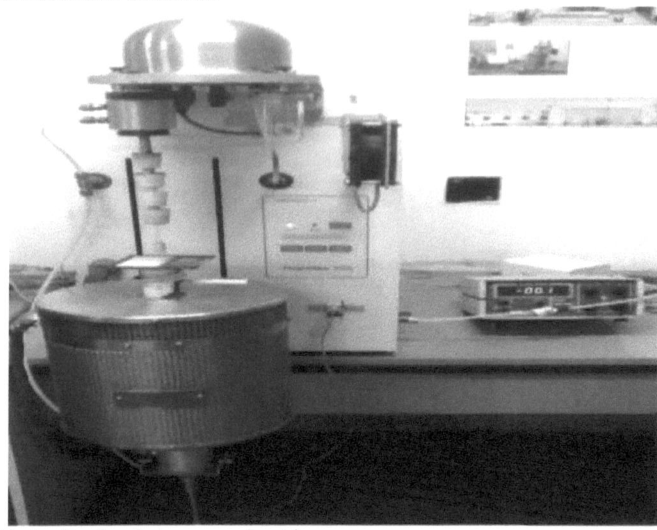

Figura 3.11: Analisador de termogravimetria

CAPÍTULO 4

RESULTADOS E DISCUSSÃO

4.1 Características das cinzas e comportamento de combustão
4.1.1 Química das cinzas:
Com base nos dados obtidos através das análises Ultimate, GCV e Proximate, foram analisadas amostras de 5 amostras diferentes de carvão de furos de sondagem, Talcher. Os dados da análise química foram representados na Tabela 4.2 para amostras de cinco carvões diferentes de Talcher - MSRB1, MSRB2, MSRB3, MDNR12 e MDNR24. A figura (4.1-4.4) ilustra que o teor de cinzas das amostras de carvão MSRB1, MSRB2, MSRB3, MDNR12 e MDNR24 varia entre 52,09% e 57,98%. Considerando que, MSRB1 tem um alto teor de cinzas de 57,98%. No entanto, seus valores de FC (%), VM (%), H (%), C (%) e N (%) são mais baixos do que os das outras amostras mostradas nas Figuras 4.1 a 4.4 e também com seu Valor Calorífico Bruto (GCV) variando de 3008,16 a 3389,56Cal/gm. Foi observado que diferentes amostras de carvão de furos de sondagem na Índia têm diferentes qualidades de carvão.

Tabela 4.1: Dados da análise aproximada, final e GCV do carvão Talcher

ID da amostra	% de cinzas	VM %	M%	FC%	C%	H %	N %	S %	VGC (cal/gm)
MSRB1	57.98	25.03	1.9	15.09	31.48	2.99	0.54	0.43	3008.16
MSRB2	56.7	22.5	3.36	17.44	34.6	3.3	0.89	0.71	3129.12
MSRB3	54.829	21.814	3.01	23.347	38.65	3.19	0.87	0.84	3256
MDNR12	52.956	21.620	1.004	24.42	41.27	3.35	0.88	0.79	3389.56
MDNR24	52.09	19.99	2.77	25.24	46.29	3.91	1.04	1.11	3423.18

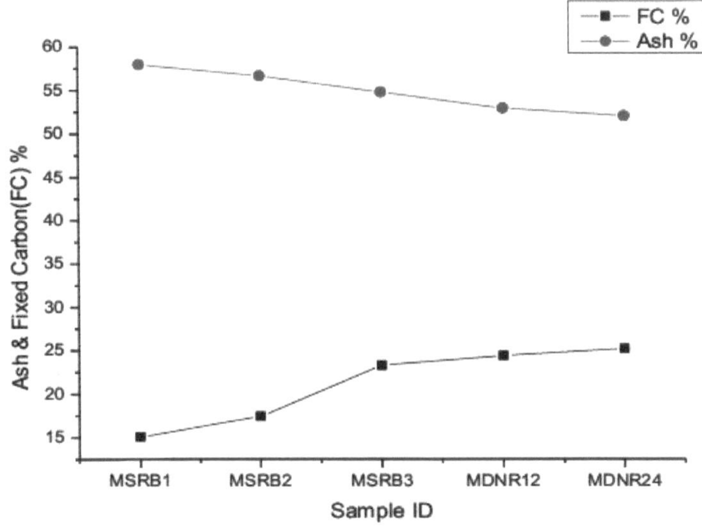

Figura 4.1: Cinzas e CF (%)

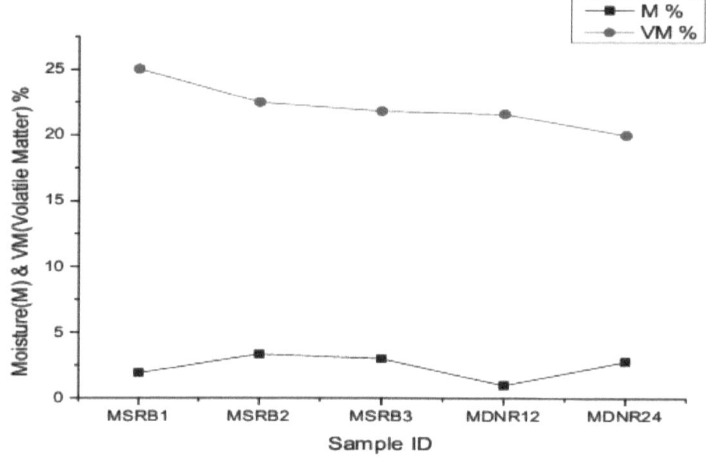

Figura 4.2: M e VM (%)

Figura 4.3: C e H (%)

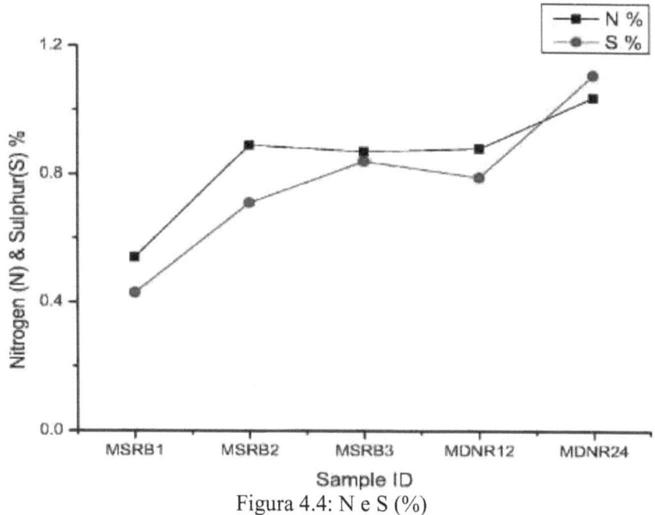

Figura 4.4: N e S (%)

4.1.2 Composição química:

A composição química de cada uma das amostras de cinzas de carvão de várias camadas de Talcher é indicada no Quadro 4.2. A composição química do carvão permite prever os valores de AFT e as espécies minerais presentes no carvão. A Tabela 4.2 indica SiO_2, Al_2O_3 e Fe_2O_3 como os constituintes principais em todas as amostras. No entanto, a composição química varia muito consoante os diferentes furos de sondagem. Pode ser observado nas Figuras 4.6 e 4.7 que, para além do óxido de sílica e do óxido de alumínio, K_2O, TiO_2, CaO, SO_3, P_2O_5, MgO e Na_2O são os elementos menores. No entanto, a qualidade global da amostra de carvão MDNR24 é notavelmente diferente das outras amostras de carvão da bacia carbonífera de Talcher.

Tabela 4.2: Composição química

Amostra e ID	SiO_2 %	Al_2O_3 %	Fe_2O_3 %	K_2O %	TiO_2 %	CaO %	MgO %	Na_2O %	P_2O_5 %	SO_3 %
MSRB 1	60.02	25.25	4.5	0.87	3.34	3.13	1.86	0.15	0.35	0.53
MSRB 2	60.5	27.12	3.96	0.99	2.13	3.06	0.97	0.06	0.38	0.24
MSRB 3	61.7	25.56	2.96	0.78	2.6	3.63	1.15	0.14	0.84	0.64
MDNR 12	66.9	24.8	2.4	0.38	1.5	1.0	0.5	0.26	0.03	0.08
MDNR 24	70.7	23.6	1.2	0.39	1.3	0.2	0.5	0.29	0.06	0.09

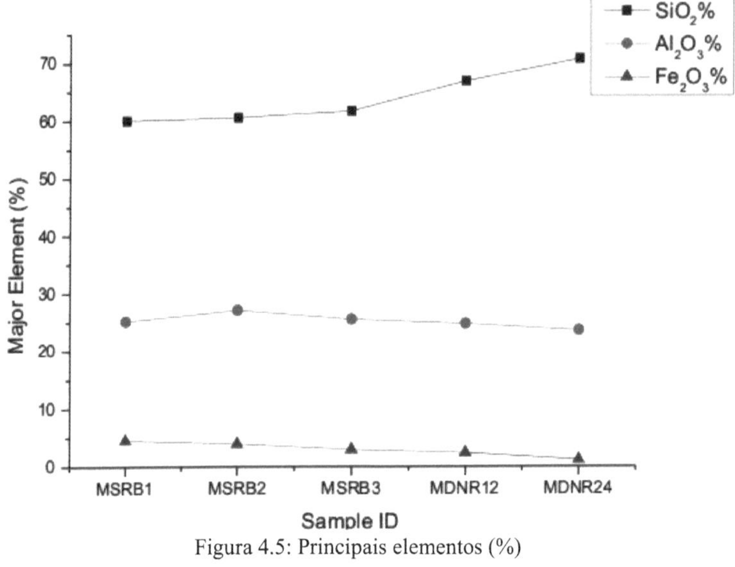

Figura 4.5: Principais elementos (%)

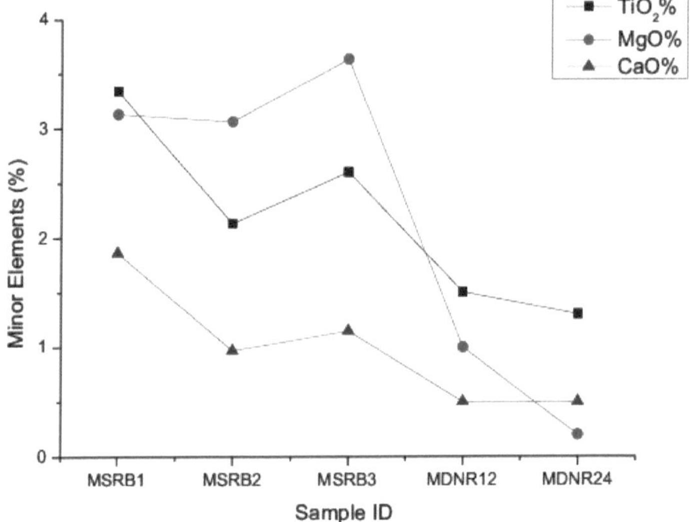

Figura 4.6: Elementos menores (%)

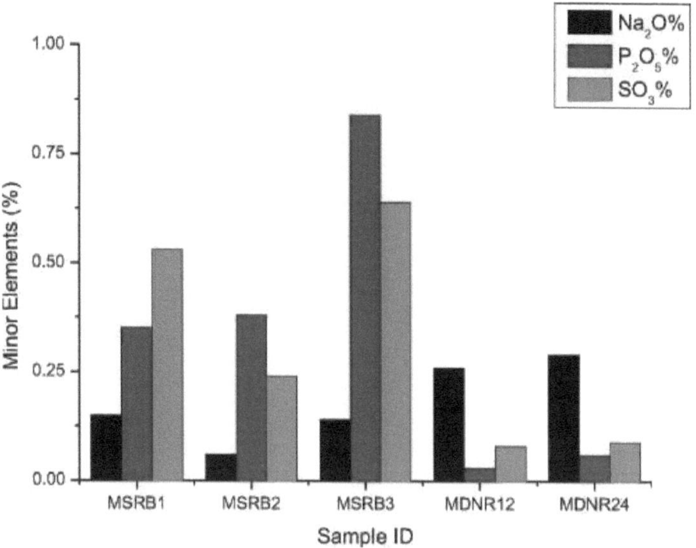

Figura 4.7: Elementos menores (%)

4.1.3 Caracterização das espécies minerais e seu comportamento de transformação a alta temperatura

A caraterização das espécies minerais permite uma análise exaustiva das fases minerais existentes no carvão. Além disso, estima a facilidade de formação de escórias e os valores de fusibilidade das cinzas, que prevêem as propriedades do clínquer gerado durante a combustão (Matjie et al., 2011). O padrão de difração demonstra as concentrações minerais através da proporcionalidade correspondente nas alturas dos picos (Vassilev et al., 1995).

A análise de XRD mostrou que os furos de sondagem de carvão bruto da bacia carbonífera de Talcher eram compostos por quartzo, caulinite e almandina como minerais comuns. O quartzo (SiO_2), a ilite, a lizardite, a caulinite (Al_2 Si O_{25} $(OH)_4$) e a sillimanite (Al_2 SiO_5) são também as fases minerais dominantes nos espécimes de perfuração de carvão tratados termicamente - MSRB1, MSRB2, MDNR12 e MDNR24 - quando examinados em condições atmosféricas. A Figura 4.8-4.11 mostra a variação nas fases minerais ao mudar a temperatura de 250°C para 1050°C. A composição das fases minerais é observada como sendo quase a mesma para os furos examinados. As tabelas 4.3 a 4.6 fornecem uma análise quantitativa dos minerais intermédios encontrados nos espécimes de camadas de carvão quando tratados termicamente entre 250°C e 1050°C. Durante o tratamento térmico, as amostras de carvão não mostram qualquer vestígio de caulinite após 450^0 C (Figura 4.8-4.11), enquanto que a lizardite não parece existir para além de 250°C. A tendência indicada é observada em todas as amostras de carvão examinadas. Uma razão provável pode ser o facto de a lizardite se converter em cordierite e sillimanite quando sujeita a temperaturas superiores a 450°C. Os relatórios de XRD mostram mudanças notáveis na formação de mulita a 850°C e 1050°C (Bhargava et al., 2009; Pan et al., 2000). Ao interpretar os resultados de XRD fornecidos na Tabela 4.3, 4.4, 4.5 e 4.6, pode-se inferir que, após o aquecimento da amostra de carvão MSRB2 a 650°C, mulita e silimanita são as fases minerais observadas, juntamente com a formação de ilita a 1050°C. No caso da amostra de carvão MDNR12, observa-se a formação de quartzo e sillimanite a 650 °C, enquanto a mulita se forma a 850 °C em pequenos vestígios. Para a amostra de carvão MDNR24, a silimanite forma-se a 650 °C, enquanto a mullite se forma a 850 °C. Para a amostra do furo de carvão MSRB2, observa-se que a silimanite e a cordierite se formam a 650°C e depois, enquanto a mullite se forma a 850°C. Além disso, os resultados da análise XRD foram verificados através de relatórios de análise AFT e da modelação termodinâmica FactSage.

Tabela 4.3: Distribuição das espécies minerais da camada de carvão MSRB1 a diferentes temperaturas

Minerais	Bruto	250°C	450°C	650°C	850°C	1050°C
Quartzo, SiO_2	73%	71%	83%	70%	56%	66%
Caulinite, $Al_2Si_2O_5(OH)_4$	25%	23%	13%	-	-	-
Lizardite, $Mg_3(Si_2O_5)(OH)_4$	-	4%	2%	-	-	-
Ilite	2%	2%	2%	2%	-	-
Sillimanite, Al_2SiO_5	-	-	-	16%	31%	24%
Periclase, MgO	-	-	-	1%	-	-
Cordierite, $Mg_2Al_4Si_5O_{18}$	-	-	-	-	-	4%
Mullite, $Al_6Si_2O_{13}$	-	-	-	10%	4%	6%

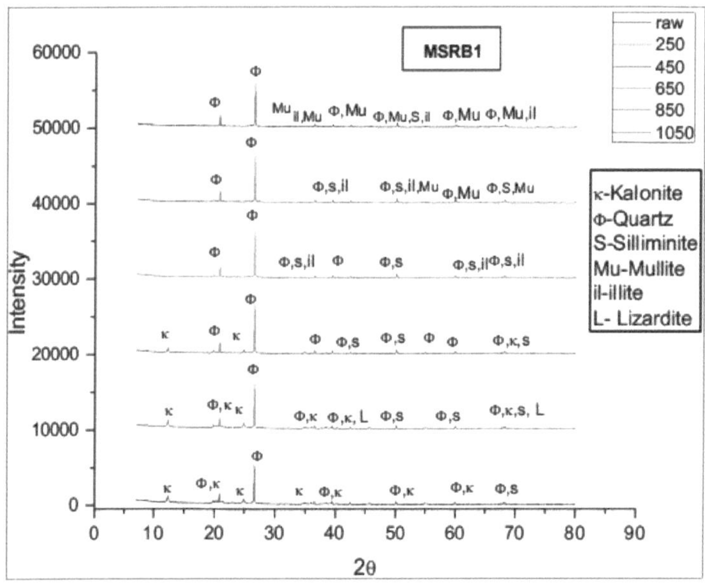

Figura 4.8: Análise XRD da amostra MSRB1

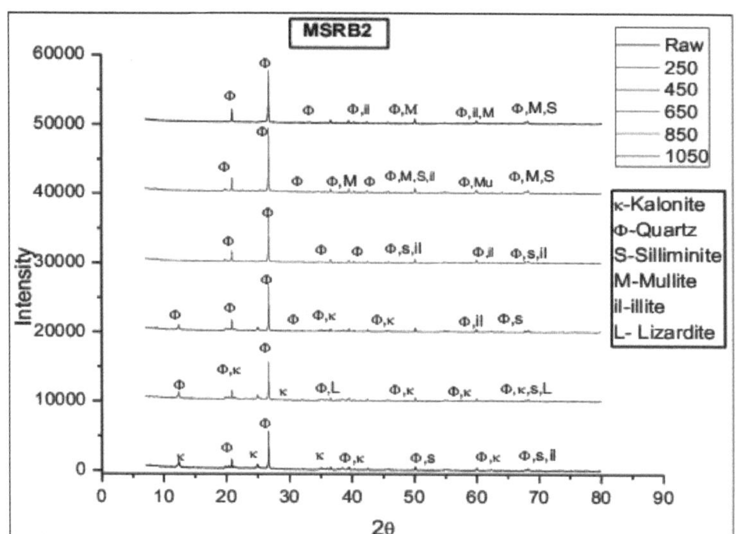

Figura 4.9: Análise XRD da amostra MSRB2

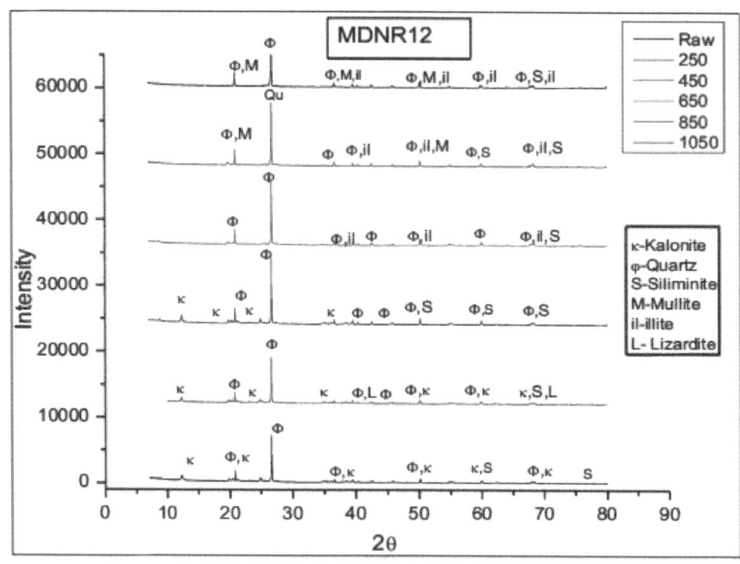

Figura 4.10: Análise XRD da amostra MDNR12

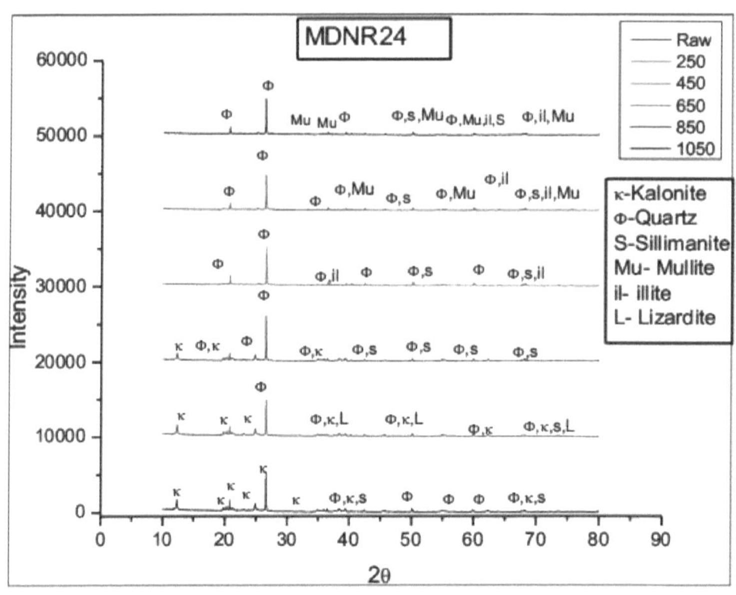

Figura 4.10: Análise XRD da amostra MDNR12

Tabela 4.4: Distribuição das espécies minerais da camada de carvão MSRB2 a diferentes temperaturas

Minerais	Bruto	250°C	450°C	650°C	850°C	1050°C
Quartzo, SiO_2	59%	58%	77%	71%	65%	74%
Caulinite, $Al_2Si_2O_5(OH)_4$	27%	26%	20%	-	-	-
Lizardite, $Mg_3(Si_2O_5)(OH)_4$	4%	5%	-	-	-	-
Ilite	3%	3%	2%	2%	-	-
Sillimanite, Al_2SiO_5	-	-	-	21%	25%	12%
Cordierite, $Mg_2Al_4Si_5O_{18}$	-	-	-	1%	-	-
Rutilo, TiO_2	-	1%	1%	2%	2%	3%
Mullite, $Al_6Si_2O_{13}$	-	-	-	-	3%	11%

Tabela 4.5: Distribuição das espécies minerais da camada de carvão MDNR12 a diferentes temperaturas

Minerais	Bruto	250°C	450°C	650°C	850°C	1050°C
Quartzo, SiO_2	78%	75%	77%	52%	60%	56%
Caulinite, $Al_2Si_2O_5(OH)_4$	19%	18%	18%	-	-	-
Lizardite, $Mg_3(Si_2O_5)(OH)_4$	3%	3%	2%	2%	2%	-
Ilite	-	4%	-	-	-	-
Sillimanite, Al_2SiO_5	-	-	-	41%	31%	36%
Cordierite, $Mg_2Al_4Si_5O_{18}$	-	-	-	2%	-	-
Rutilo, TiO_2	-	-	1%	1%	1%	1%
Mullite, $Al_6Si_2O_{13}$	-	-	-	-	3%	4%

Tabela 4.6: Distribuição das espécies minerais da camada de carvão MDNR24 a diferentes temperaturas

Minerais	Bruto	250°C	450°C	650°C	850°C	1050°C
Quartzo, SiO_2	62%	62%	63%	86%	81%	79%
Caulinite, $Al_2Si_2O_5(OH)_4$	31%	31%	27%	-	-	-
Lizardite, $Mg_3(Si_2O_5)(OH)_4$	5%	5%	3%	-	-	-
Ilite	2%	2%	2%	1%	-	-
Sillimanite, Al_2SiO_5	-	-	-	10%	11%	11%
Cordierite, $Mg_2Al_4Si_5O_{18}$	-	-	-	2%	2%	2%
Hematite, Fe_2O_3	-	-	-	1%	1%	2%
Rutilo, TiO_2	-	-	-	-	1%	1%
Mullite, $Al_6Si_2O_{13}$	-	-	-	-	2%	3%

4.1.4 Análise AFT

As variáveis relacionadas com a fusibilidade das cinzas são essenciais para uma estimativa exacta da eficiência dos produtores de gás e das instalações de caldeiras. A temperatura de fusão das cinzas avalia o comportamento e a escória das cinzas de carvão, o que afecta a viscosidade das escórias, a fusibilidade das cinzas e a vida útil dos refractários. As cinzas de carvão são compostas principalmente por sílica, óxidos de ferro e alumina com vestígios de vários óxidos como MgO, CaO, álcalis, etc. O ponto de fusão das cinzas de carvão aumenta com o aumento da percentagem de compostos ácidos presentes nas cinzas de carvão, tais como SiO_2, TiO_2 e Al O_{23}. A presença de compostos de comportamento básico, tais como Fe O_{23}, CaO e MgO e álcalis como Na_2 O e K_2 O nas cinzas de carvão apresenta um efeito de fluxo sobre Al O_{23} e SiO_2, baixando assim a temperatura de fusão das cinzas. Os principais constituintes das cinzas de carvão consideradas no presente estudo são o quartzo e a caulinite, com a lizardite em menor quantidade.

A Tabela 4.7 apresenta as temperaturas de fusão IDT, ST, HT e FT das amostras de carvão consideradas. O elevado valor de AFT implica que as cinzas de carvão contêm uma elevada concentração de SiO_2 e Al O_{23}, enquanto as temperaturas de fusão correspondentes se situam no intervalo de 1685^0 C e 1775^0 C (Borio et al., 1984). De um modo geral, as temperaturas de fusão das cinzas de carvão dependem em grande medida da composição química das cinzas de carvão. A gama semelhante de AFTs para quase todas as camadas de carvão na Tabela 4.7 indica que todos os furos de carvão têm composição de fase mineral idêntica. Outros minerais menores, como a cordierite e os compostos à base de sílica, podem não ter um efeito importante na fusibilidade das cinzas devido à sua baixa concentração. Isto corrobora o facto de as temperaturas de fusão das cinzas serem superiores a 1600°C. Por conseguinte, a fusibilidade das cinzas no combustível dos produtores de gás ou das caldeiras é altamente improvável.

Quadro 4.7: Temperatura de fusão das cinzas de carvão

ID da amostra	IDT (°C)	ST (°C)	HT (°C)	FT (°C)
MSRB1(D1)	1330	1360	1380	1480
MSRB2(D2)	1340	1390	1450	>1600
MSRB3(D3)	1380	1400	1460	>1600
MDNR12(M12)	1370	1380	1480	>1600

| MDNR24(M24) | 1380 | 1380 | >1600 | >1600 |

4.1.5 Análise FactSage

O software termoquímico FactSage 6.4 foi utilizado para prever a simulação da transformação da fase mineral de 25° C para 1525° C. As entradas para o software FactSage para os cálculos foram os dados fornecidos na Tabela 4.2. O objetivo era fazer corresponder os dados estimados através do software FactSage com os resultados experimentais da análise de AFT e da composição química.

Os dados mostram que cada uma das quatro amostras de cinzas de carvão contém proporções elevadas de quartzo e silimanite, juntamente com anortite, rutilo e andulasite em quantidades menores. As fases minerais estimadas através do FactSage foram comparadas com os resultados de XRD das cinzas de carvão. Os relatórios foram ilustrados na Figura (4.12-4.16). Para cada amostra de carvão, as principais fases como quartzo, SiO_2 são observadas até 925 °C, após o que se transformam em tridimite através de polimorfismo a temperaturas mais elevadas. A transformação do quartzo em tridimite começa para além dos 825 °C. Para a amostra de carvão MSRB1, as fases de quartzo (SiO_2), fosfato de alumínio ($AlPO_4$) e tridimite (SiO_2) a 925°C, 1425°C e 1425°C, respetivamente, foram ilustradas na Figura 4.12. Transformações de fase semelhantes foram mostradas para as amostras de carvão MSRB1, MSRB2, MSRB3, MDNR12 e MDNR24 nas Figuras 4.12-4.16. No caso de cada amostra de carvão, o rutilo e a cordierite são encontrados em pequenas quantidades que desaparecem completamente para além de 1250°C e 1350°C, respetivamente. As tendências das fases minerais estão de acordo com os resultados do software HighScore Plus utilizando relatórios de XRD (Tabela 4.3 - 4.6), em que o carvão foi preparado a 250, 450, 650, 850 e 1050°C. Com o aumento da temperatura, o carvão transforma-se em várias novas fases, como mulita, cordierita, fosfato de alumínio e tridimita. Com o aumento da temperatura, observa-se que a caulinite (Al_2 Si O_{25} $(OH)_4$) se transforma em mullite através de polimorfismo. Certos elementos do carvão bruto como o quartzo (SiO_2) e a caulinite (Al_2 Si O_{25} $(OH)_4$) começam a diminuir entre 800-1500 °C, enquanto a cordierite (Mg_2 Al_4 Si O_{518}), a mullite (Al_6 Si O_{213}) e a tridimite (SiO_2) começam a formar-se. Uma fase intermédia, a sillimanite, foi observada através de XRD. No entanto, não foi encontrada nos relatórios FactSage, uma vez que o modelo está limitado a fases minerais estáveis encontradas em condições de equilíbrio.

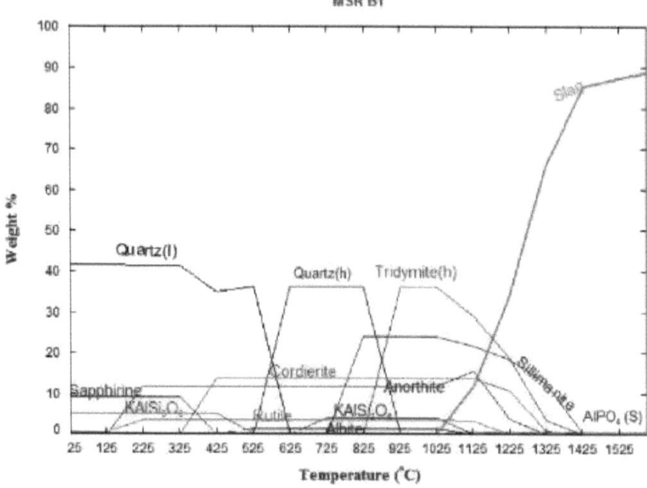

Figura 4.12: Transição de fase do carvão para a MSRB1 (D1)

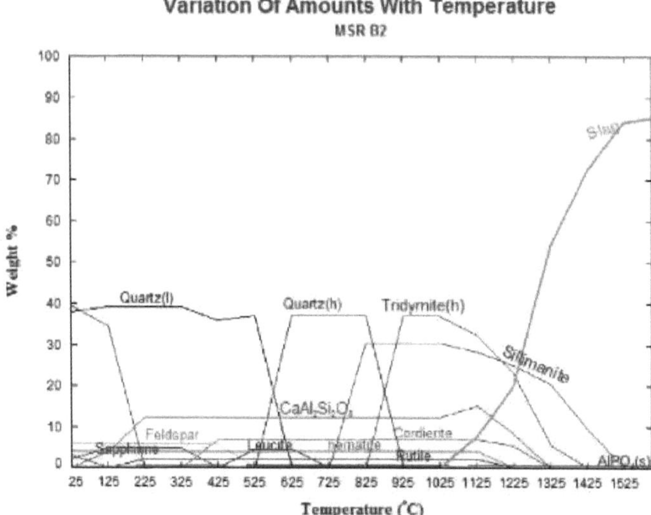

Figura 4.13: Transição de fase do carvão para a MSRB2 (D2)

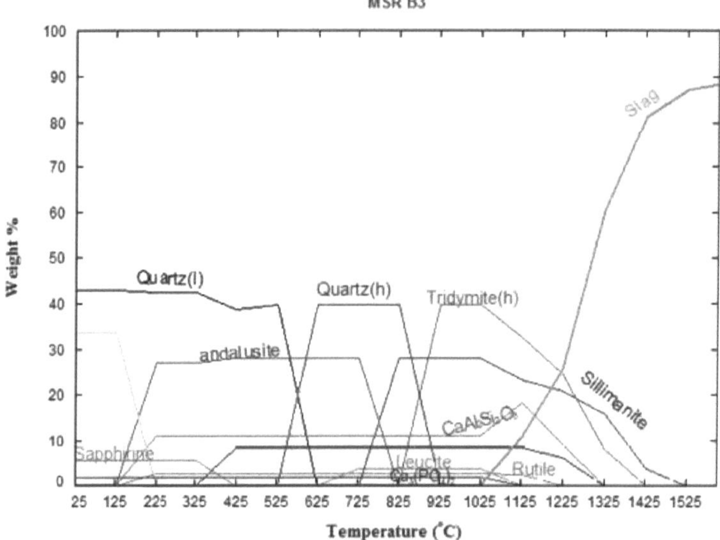

Figura 4.14: Transição de fase do carvão para a MSRB3 (D3)

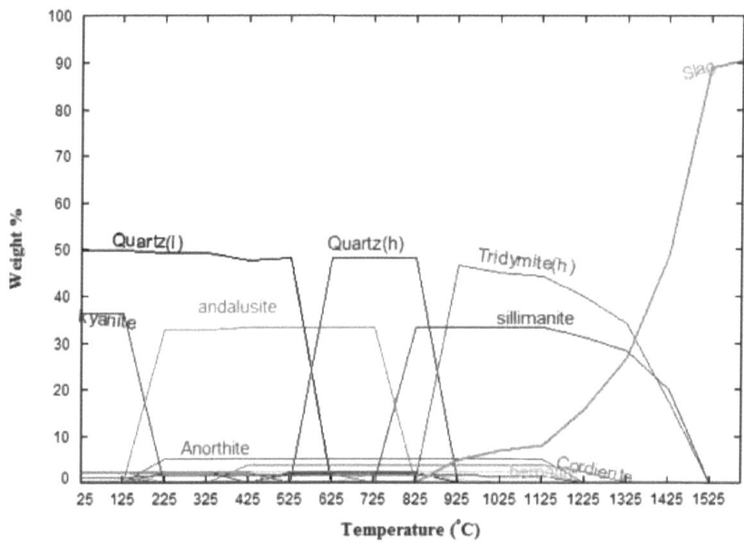

Figura 4.15: Transição de fase do carvão para MDNR12

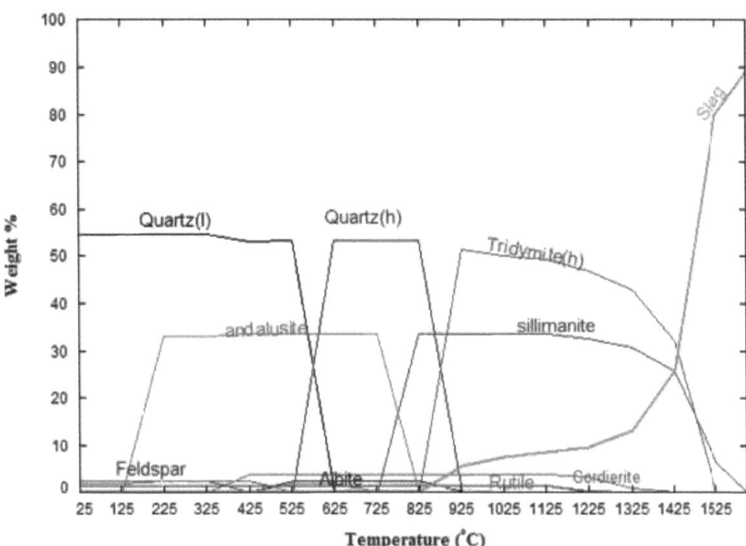

Figura 4.16: Transição de fase do carvão para MDNR24

Relativamente às fases minerais, observa-se que todas as amostras de carvão da bacia carbonífera de Talcher apresentam uma diferença muito pequena. Por conseguinte, foi registada uma tendência idêntica nas transformações das fases minerais com o aumento da temperatura de 825°C para 1525°C.

4.1.6 Análise da viscosidade

Os valores de ln(η) para várias amostras de cinzas de carvão estão representados nas figuras 4.17, 4.19 e 4.20. A figura 4.18 ilustra a fórmula de cálculo da viscosidade. A Figura 4.19 mostra os valores de ln(η) para várias amostras de carvão calculados pelo modelo de Urbain. Cada um dos cálculos indica que a viscosidade diminui drasticamente com o aumento da temperatura. O modelo Urbain mostra que as amostras de carvão MSRB1, MSRB3 e MSRB2 têm os valores de viscosidade mais elevados a todas as temperaturas. No entanto, a análise FactSage mostra que a amostra de carvão MDNR24 tem a viscosidade mais elevada. Os resultados da AFT também previram que a MDNR24 teria a maior temperatura HT e AFT entre todas as amostras. Estes cálculos provam que o FactSage é um software eficiente para prever as mudanças de fase, bem como o comportamento de fusão das amostras de cinzas. Como mostra a Figura 4.20, a equação de Roscoe foi utilizada para prever o efeito da fração sólida na viscosidade. Como é evidente na Figura 4.20, a viscosidade e a fração sólida diminuem com o aumento da temperatura para cada amostra. Os valores calculados da viscosidade foram superiores aos do modelo de Urbain. Como mostram as curvas termodinâmicas, a fase silimanite é responsável pela estabilidade da fase sólida a temperaturas mais elevadas. Um aumento da basicidade das amostras de carvão - MDNR12 e MDNR24 - leva a uma diminuição da fração sólida, conduzindo a uma viscosidade mais baixa.

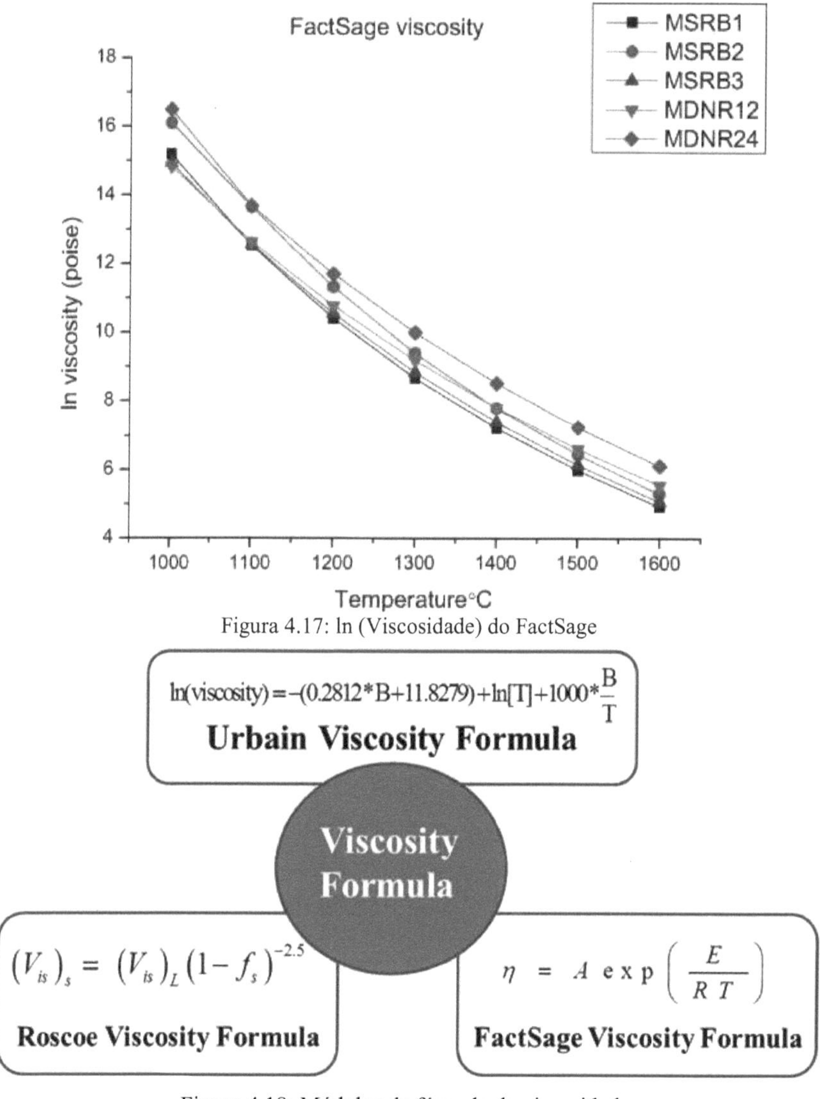

Figura 4.17: ln (Viscosidade) do FactSage

Figura 4.18: Módulos da fórmula de viscosidade

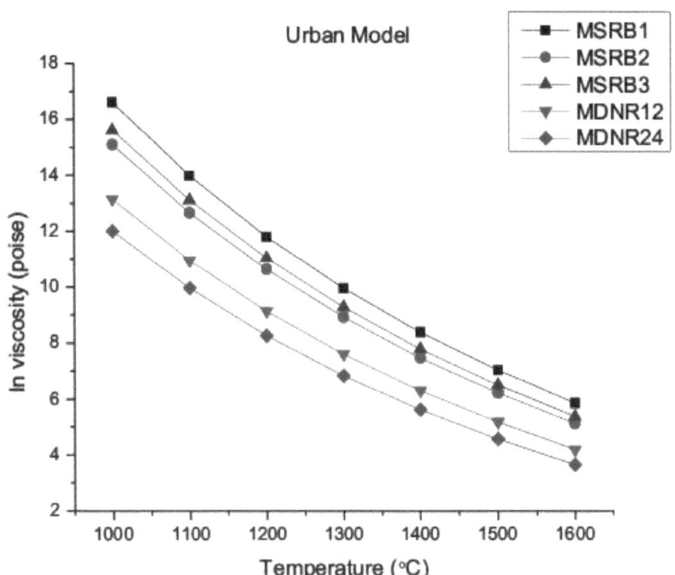

Figura 4.19: ln (Viscosidade) utilizando o modelo Urbain

O FactSage é utilizado para determinar a basicidade da escória e a sua composição, bem como a quantidade de fração sólida e o seu efeito. A Figura 4.20 mostra também a variação da fração sólida, da basicidade e da viscosidade das fases da escória com a temperatura. A equação de Roscoe é utilizada para determinar o efeito da fração sólida na viscosidade. Os cálculos de $\log(\eta)$ utilizando os modelos de Urbain e Roscoe estão indicados na Figura 4.20. As figuras mostram claramente que as viscosidades das fracções sólidas e da escória são muito diferentes das determinadas por Urbain a uma determinada temperatura. Além disso, no modelo de Urbain, as cinzas de carvão passam para a zona fundida a uma temperatura muito mais baixa do que a AFT calculada. Enquanto que no modelo de Roscoe, as amostras de cinzas de carvão transformam-se em depósitos densos acima de 1300°C, o que pode estar relacionado com o IDT para todas as amostras. A escória em todas as amostras transforma-se num estado fundido para além de 1600 °C, comparável à temperatura de fusão estimada através da análise AFT. A ordem de estabilidade de baixa a alta para depósitos de escória é MSRB1 < MSRB2 < MDNR12 < MDNR24 < MSRB3. Os cálculos AFT confirmam ainda mais os valores mais baixos de temperatura IDT para MSRB1 e MSRB2 entre as outras amostras.

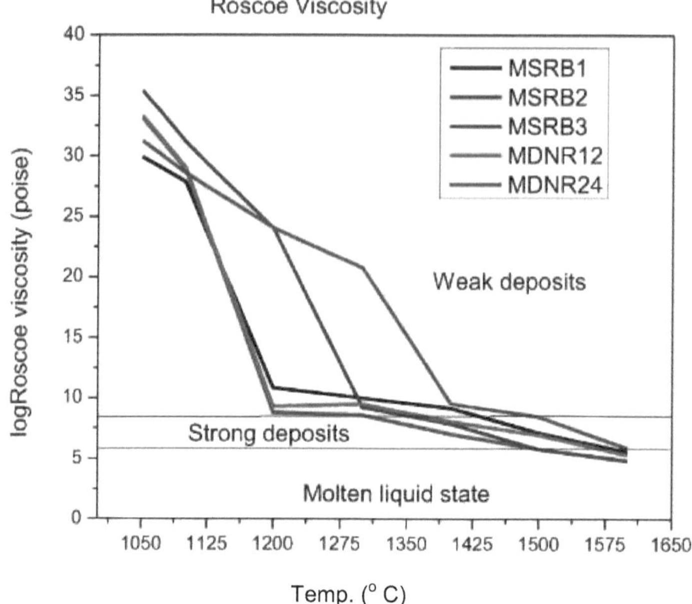

Figura 4.20: Viscosidade ln utilizando a viscosidade de Roscoe

4.2 Efeito da pirólise do carvão durante o processo de gaseificação

4.2.1 Mineralogia das cinzas

O quadro 4.8 contém a análise final e a análise proximal das cinzas de carvão. A análise proximal aponta para o elevado teor de cinzas e de voláteis do carvão examinado, como se pode ver nas figuras 4.21 a 4.23. A Figura 4.24 e a Tabela 4.10 apresentam os dados da análise química das amostras. Com exceção da humidade, foi observada uma tendência semelhante nas propriedades químicas das amostras 1.4D e 1.6D. No entanto, com uma fração de densidade de 1,8, a amostra C tem uma percentagem mais baixa de carbono, enxofre e teor de voláteis, mas um teor de cinzas mais elevado.

4.2.2 Análise TGA e DTG da pirólise de carvão:

A taxa de perda de peso foi obtida utilizando as seguintes equações:

$$\frac{dw}{dt} = -\frac{1}{\frac{dw}{dt}\frac{w_o}{}} \left(\frac{dw_t}{dt} \right) \qquad (4.1)$$

A fração de conversão (X) foi calculada de acordo com a seguinte equação;

$$X = \frac{w_0 - w_t}{w_0 - w_f} \qquad (4.2)$$

Onde; w_0 é a massa original da amostra de ensaio, w_t a massa no tempo t, e uγ massa final no fim da pirólise.

A perda de massa (TG) e a taxa de perda de massa (DTG) numa atmosfera de Ar a uma taxa de aquecimento de 40°C/min para cada uma das três amostras de carvão beneficiado foram ilustradas na Figura 4.26. Acima de 110°C, a perda de massa ocorre devido à fuga de humidade das amostras de carvão. O elevado valor de DTG deve-se ao maior teor de humidade (indicado na Tabela 4.8) da amostra 1.8D. O carvão tem uma estrutura constituída por aglomerados aromáticos unidos por pontes alifáticas. Temperaturas superiores a 110°C causam a devolatilização dos aglomerados aromáticos no carvão, resultando na perda de massa, conforme representado na curva de pirólise. Supõe-se que todo o processo de pirólise se completa em duas fases principais: a desintegração de grupos funcionais no carvão, resultando em espécies químicas leves, e a formação de fragmentos mais pequenos que resultam em alcatrão devido à desintegração da rede macromolecular. Foram observadas tendências semelhantes para TG e DTG para cada um dos três espécimes de carvão nos resultados de DTG. A amostra 1.8 é a que deixa menos resíduos no final da pirólise, seguida das amostras 1.6 e 1.4, respetivamente. A principal região de pirólise apresenta dois desvios de pico que significam partes de deformação e formação de alcatrão. Tabela 4.9

apresenta as principais variáveis de decomposição determinadas por TGA - temperatura inicial de perda de peso (T_1), temperatura final (T_f), as taxas máximas de perda de peso $\left(\frac{dW}{dt}\right)_{max}$ e as correspondentes temperaturas de pico (TP). Não foram observadas variações significativas nos valores de T_i e Tf para os três carvões.

4.2.3 Cinética não isotérmica da pirólise do carvão:

Os parâmetros cinéticos não isotérmicos são derivados usando o método Integral. Acredita-se que a pirólise de combustíveis sólidos seja uma reação de primeira ordem (Solomon et al. 1988 e Tokmurzin et al. 2019). A equação cinética é a seguinte:

$$\frac{dx}{dt} = A. \ e^{\frac{-E}{RT}} (1 - x) \tag{4.3}$$

Em que A representa a componente pré-exponencial, E representa a energia de ativação, T representa a temperatura e t representa o tempo.

A integração da equação 3 fornece $\ln[(-\ln(1-x))/T^2$] a uma taxa de aquecimento constante (β) *de 10° C/min*.

$$ln\left[\frac{-\ln(1-x)}{T^2}\right] = ln\left[\frac{AR}{\beta E}\left(1 - \frac{2RT}{E}\right)\right] - \frac{Q}{RT} \tag{4.4}$$

Como $ln\left[\frac{AR}{\beta E}\left(1 - \frac{2RT}{E}\right)\right]$ na equação (4) é constante a uma taxa de aquecimento fixa (15oC/min), a

A energia de ativação aparente (Q) e o fator de frequência (A) para a pirólise do carvão numa determinada gama de temperaturas foram obtidos através da criação de um gráfico entre o lado esquerdo da equação (4.4) e o inverso da temperatura (1/T) a uma taxa de aquecimento constante (15° C/min). A energia de ativação necessária para a reação foi determinada a partir do declive dos gráficos (-Q/R), e o fator de frequência (A) foi calculado a partir da interceção dos gráficos para o valor conhecido da taxa de aquecimento.

A Figura 4.27 ilustra que, com exceção da desisturização, a pirólise do carvão inclui cinco reacções distintas. Além disso, o processo de pirólise do carvão pode ser resumido em cinco zonas distintas, incluindo a desisturização, como se mostra na Tabela 4.12. A figura mostra ainda que a desisturização e a desidratação têm cinética semelhante. A amostra 1.8D tem uma energia de ativação baixa em cada uma das cinco zonas.

4.2.4 Pirólise isotérmica de fracções de carvão:

A cinética isotérmica dos carvões é determinada a três temperaturas diferentes (600° C, 800° C e 1000° C). Em geral, a pirólise do carvão é considerada uma reação de primeira ordem. O ajuste dos dados experimentais a equações de modelos cinéticos apropriados com coeficientes de correlação entre as seguintes equações de modelos produziu parâmetros cinéticos aparentes, tais como energia de ativação e factores de frequência.

$$-\ln(1-\alpha) = k.t \tag{4.5}$$

$$1-(1-\alpha)^{1/3} = k_C.t \tag{4.6}$$

$$1- 2\alpha/3 - (1-\alpha)^{2/3} = k_{CGB}.t \tag{4.7}$$

$$(1-(1-\alpha)^{1/3})^2 = k_J.t \tag{4.8}$$

$$1-(1-\alpha)^{1/3}+1/6[1+(1-\alpha)^{1/3}-2(1-\alpha)^{2/3}] = k_M.t \tag{4.9}$$

Onde, k é a constante de velocidade de reação aparente (min^{-1}) para a equação cinética de primeira ordem, k_C é o mecanismo de controlo da reação química, k_{CGB} é a equação do modelo de difusão de Crank-Ginstling-Brounshtein, KJ é a equação do modelo de difusão de Jander, k_M é a equação do processo de controlo misto, t é o tempo de contacto (min) e α é a fração de massa

A equação de Arrhenius é utilizada para calcular a energia de ativação aparente e o fator de frequência pré-exponencial (A):

$$\ln A - \frac{Q_a}{RT} = \ln k \tag{4.10}$$

No entanto, suspeita-se que este pressuposto produziu avaliações inaceitáveis do processo de desvolatilização do carvão por Solomon et al. 2010. O lado esquerdo (L.H.S) da equação do modelo cinético vs gráficos de tempo para três espécimes de carvão distintos foram indicados na Figura 4.28, 4.29 e 4.30. Com exceção da amostra 1.8 a 1000° C, o mecanismo de pirólise isotérmica é controlado quimicamente para todas as amostras examinadas a cada uma das três temperaturas. A equação do mecanismo de reação de primeira ordem ajusta-se bem à amostra 1.8 a 1000oC. As propriedades químicas do carvão e a temperatura para o seu aquecimento isotérmico foram consideradas dependentes da ordem de reação por Tokmurzin et al. 2019. A equação de Arrhenius (equação 4.10) calcula a energia de ativação e os factores de frequência para a reação de pirólise isotérmica. Os gráficos ln (k) vs -1/T foram ilustrados na Figura 4.31. Para estes, os valores de k foram calculados utilizando a equação da taxa a várias temperaturas. No total, a Tabela 4.13 indica os factores de frequência e a energia de ativação para cada amostra de carvão. Verifica-se que a amostra de carvão 1,8 tem uma energia de ativação mais elevada de 12,8 kJ/mol, enquanto as amostras 1,6 e 1,4 têm 4,58kJ/mol e 4,48 kJ/mol, respetivamente.

Tabela 4.8: Análise final e proxima das amostras de carvão

ID da amostra	Análise final (%)				Análise Proximal (%)			
	C	H	N	S	Humidade	VM (Seco Base)	Cinzas	FC(Fixo Carbono)
1.4 D	67.61	4.38	1.59	0.48	10.10	33.88	12.81	43.21
1.6 D	64.40	4.33	1.58	0.43	10.37	33.37	16.07	40.19
1.8 D	53.01	3.45	1.25	0.25	11.73	23.46	24.73	40.08

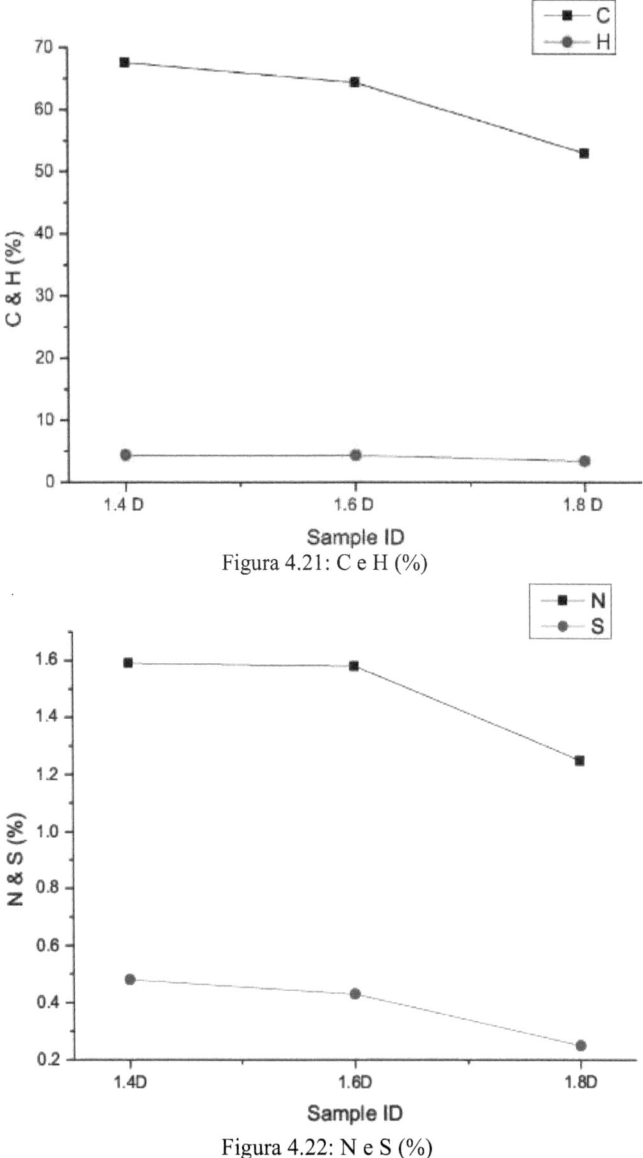

Figura 4.21: C e H (%)

Figura 4.22: N e S (%)

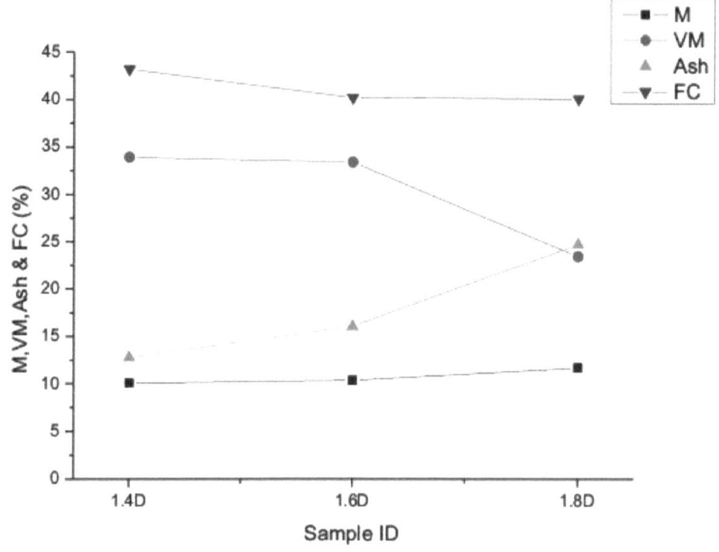

Figura 4.23: M, VM, Cinzas e FC (%)

Quadro 4.9: Temperaturas características e taxas máximas de perda de peso do material de carvão de base determinadas por TGA

Carvão Material	Gama de pirólise		$\left(\dfrac{dW}{dt}\right)_{max}$	Temp. de pico
	$T_i\,(^o C)$	$T_f\,(^o C)$	mg/min	^{o}C
1.4D	171	851	0.11	501
1.6D	171	851	0.13	501
1.8D	171	849	0.18	442

Tabela 4.10: Análise XRF

Amostra	SiO2%	Al2O3%	Fe2O3%	K2O%	TiO2%	CaO%	MgO%	Na2O%	P2O5%	SO3%	V2O5%	BaO%	Cr2O3%
1.4 D	56.8	29.88	2.44	0.87	2.88	4.15	1.15	0.12	0.3	1.17	0.11	0.06	0.07
1.6 D	57.8	25.66	2.86	0.79	2.65	5.32	1.52	0.12	0.83	1.74	-	0.11	0.06
1.8 D	58.8	27.77	0.95	0.87	2.15	2.84	0.92	0.09	0.55	0.47	0.04	0.06	0.02

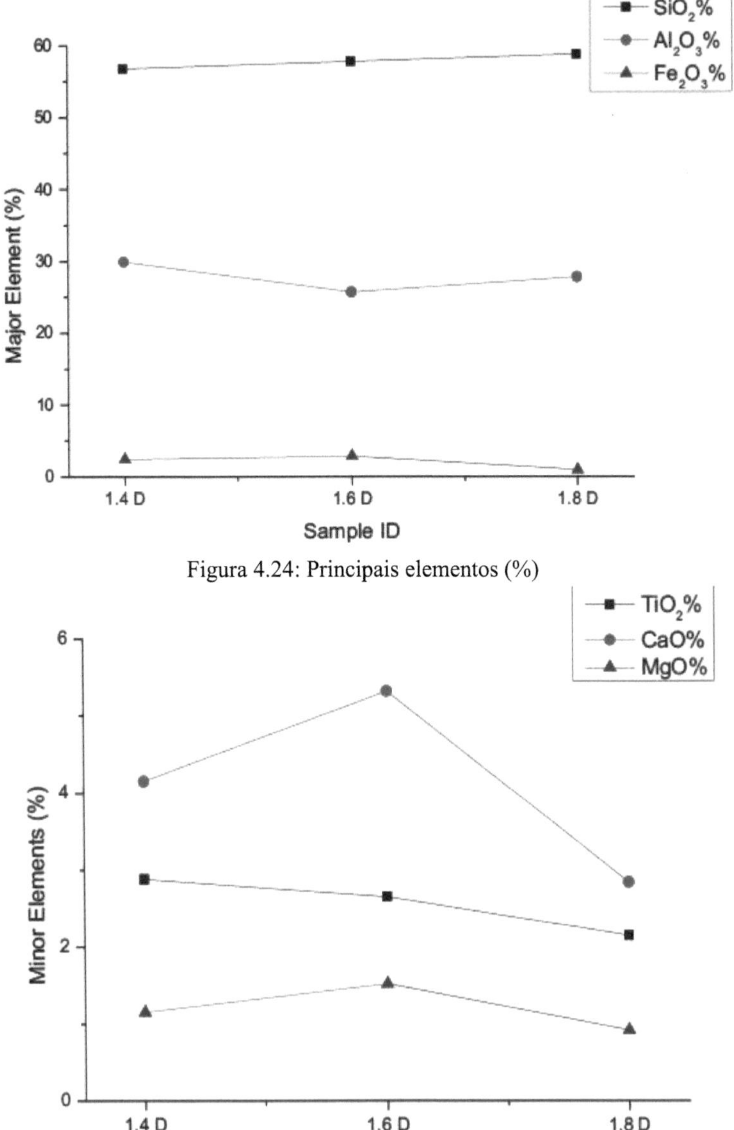
Figura 4.24: Principais elementos (%)

Figura 4.25: Elementos menores (%)

Quadro 4.11: Análise AFT

ID da amostra	DT (^{o} C)	ST (^{o} C)	HT (^{o} C)	FT (^{o} C)
1.4 D	1240	1330	1430	>1500
1.6 D	1280	1420	1470	>1500
1.8 D	1400	>1500	>1500	>1500

Tabela 4.12: Parâmetros cinéticos por zona da pirólise não isotérmica de amostras de carvão

ID/Zona	1.4 D			1.6 D			1.8 D		
	R^2	Q (kJ/mol)	A × 10^{-5}	R^2	Q (kJ/mol)	A × 10^{-5}	R^2	Q (kJ/mol)	A × 10^{-5}
Desumidificação e desidratação (Zona 1)	0.98	87.16	3.1× 10^{11}	0.99	68.32	3.3× 10^{11}	0.99	68.12	3× 10^{11}
Desvolatilização primária (Zona 2)	0.96	5.56	2.44	0.99	5.62	2.41	0.99	5.61	2.40
Degradação térmica (Zona 3)	0.97	13.41	23.31	0.99	2.89	4.90	0.92	2.82	2.08
Desvolatilização secundária (Zona 4)	0.99	6.45	4.25	0.98	8.05	5.44	0.99	6.7	4.25
Desidrogenação (Zona 5)	0.85	40.62	876.8	0.82	18.06	10.62	0.85	1.6	1.03

Tabela 4.13: Parâmetros cinéticos da pirólise isotérmica do carvão

Carvão/ Temperatura (^{o} C)	1.4 D				1.6 D				1.8 D			
	R^2	k (min^{-1})	Q (kJ/mol)	A	R^2	k (min^{-1})	Q (kJ/mol)	A	R^2	k (min^{-1})	Q (kJ/mol)	A
600	0.99	0.0078	4.49	0.014	0.98	0.0082	4.58	0.015	0.98	0.0091	12.8	0.052
800	0.96	0.0086			0.98	0.0087			0.96	0.0117		
1000	0.99	0.0095			0.96	0.0098			0.99	0.0160		

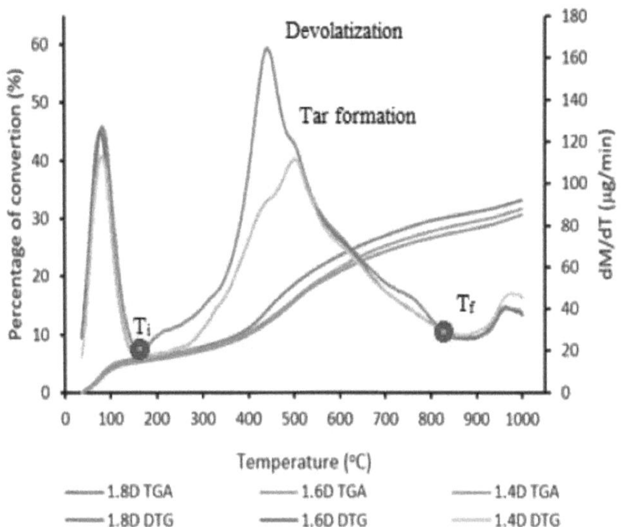

Figura 4.26: Análise TGA e DTG de três amostras diferentes de carvão

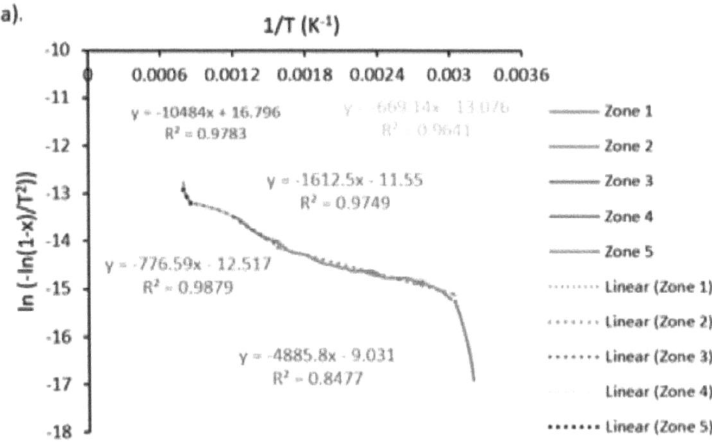

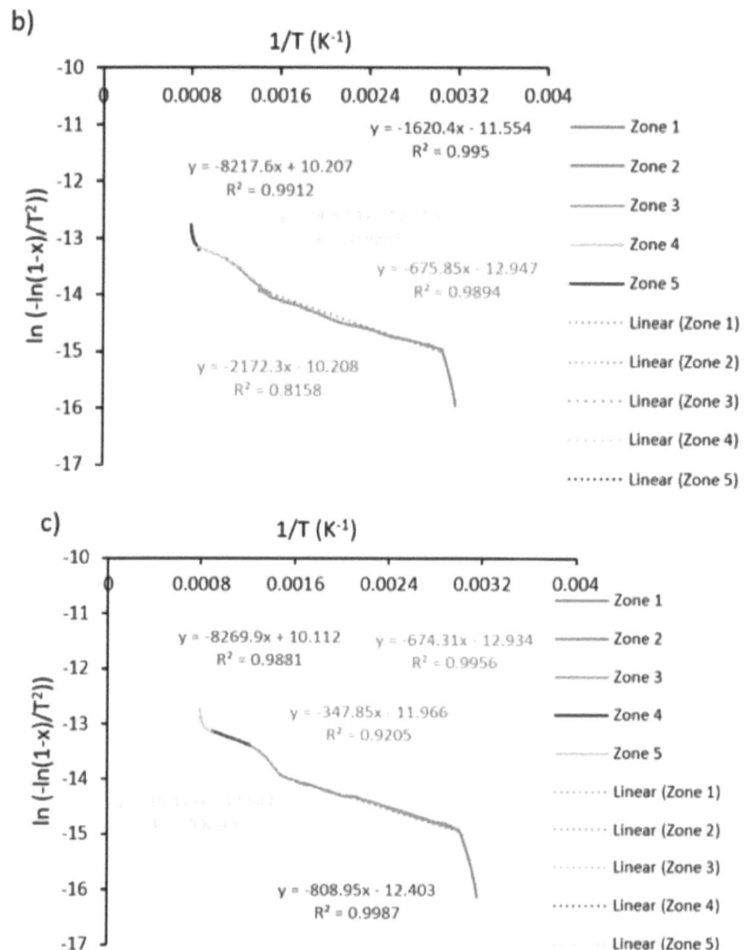

Figura 4.27: Gráficos de ln(-ln(1-x)/T2) vs 1/T de a). 1.4D, b). 1.6D, e c). Pirólise de 1,8D calculada pelo método integral de um passo

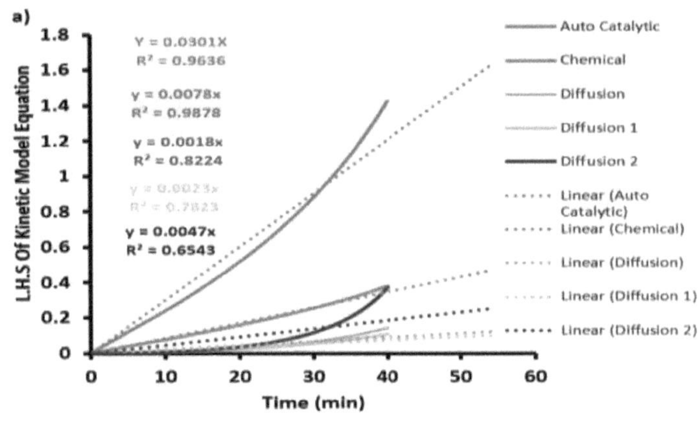

a)
L.H.S Of Kinetic Model Equation
Time (min)
Y = 0.0301X
R^2 = 0.9636
y = 0.0078x
R^2 = 0.9878
y = 0.0018x
R^2 = 0.8224
y = 0.0023x
R^2 = 0.7823
y = 0.0047x
R^2 = 0.6543
Auto Catalytic
Chemical
Diffusion
Diffusion 1
Diffusion 2
Linear (Auto Catalytic)
Linear (Chemical)
Linear (Diffusion)
Linear (Diffusion 1)
Linear (Diffusion 2)

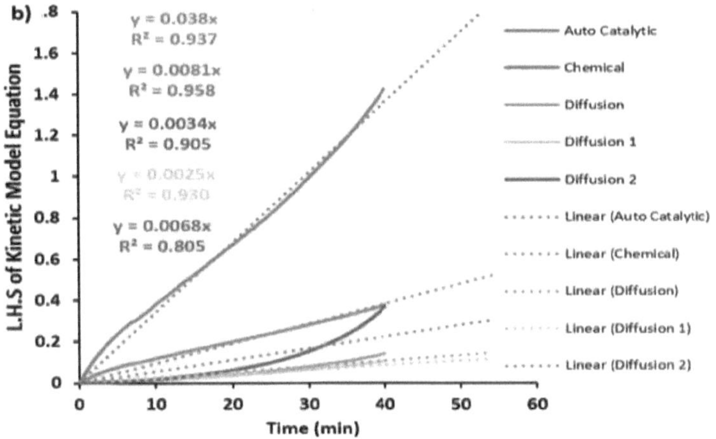

b)
L.H.S of Kinetic Model Equation
Time (min)
y = 0.038x
R^2 = 0.937
y = 0.0081x
R^2 = 0.958
y = 0.0034x
R^2 = 0.905
y = 0.0025x
R^2 = 0.930
y = 0.0068x
R^2 = 0.805
Auto Catalytic
Chemical
Diffusion
Diffusion 1
Diffusion 2
Linear (Auto Catalytic)
Linear (Chemical)
Linear (Diffusion)
Linear (Diffusion 1)
Linear (Diffusion 2)

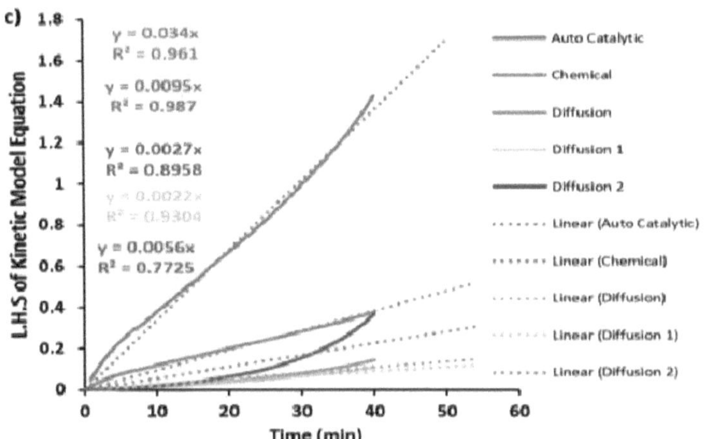

c)
L.H.S of Kinetic Model Equation
Time (min)
y = 0.034x
R^2 = 0.961
y = 0.0095x
R^2 = 0.987
y = 0.0027x
R^2 = 0.8958
y = 0.0022x
R^2 = 0.9304
y = 0.0056x
R^2 = 0.7725
Auto Catalytic
Chemical
Diffusion
Diffusion 1
Diffusion 2
Linear (Auto Catalytic)
Linear (Chemical)
Linear (Diffusion)
Linear (Diffusion 1)
Linear (Diffusion 2)

Figura 4.28: Cinética isotérmica da amostra de carvão de densidade 1,4, a) a 400°C, b) a 600°C e c) a 1000°C.

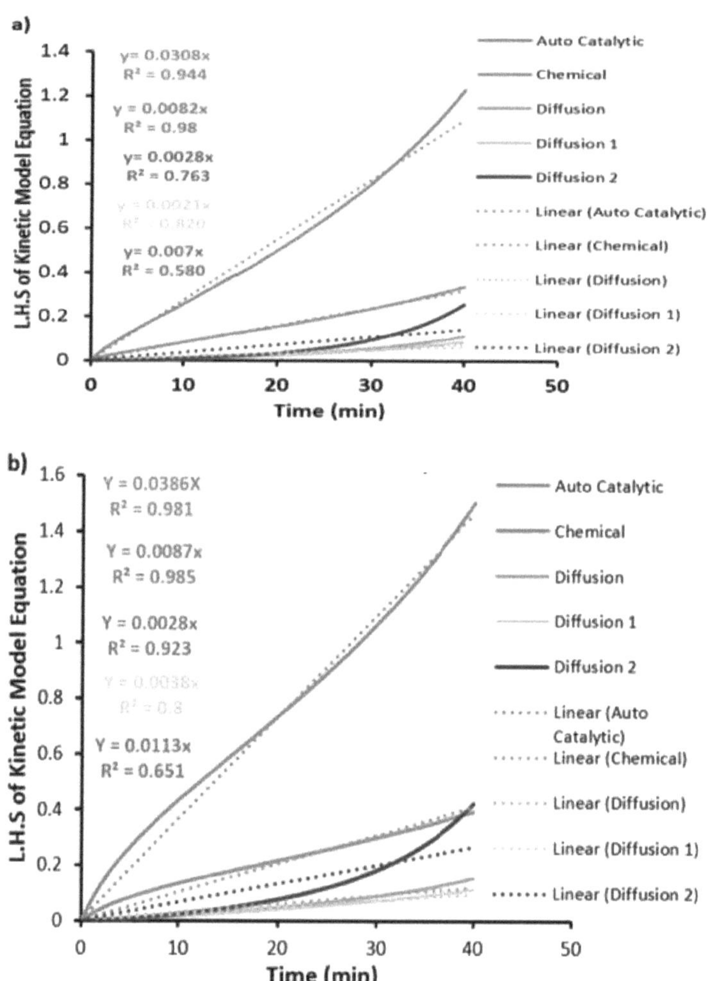

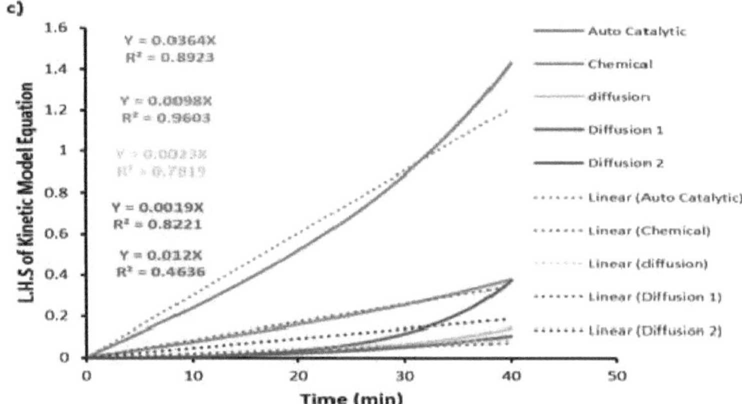

Figura 4.29: Cinética isotérmica de uma amostra de carvão de densidade 1,6, a) a 400 °C, b) a 600 °C e c) a 1000 °C

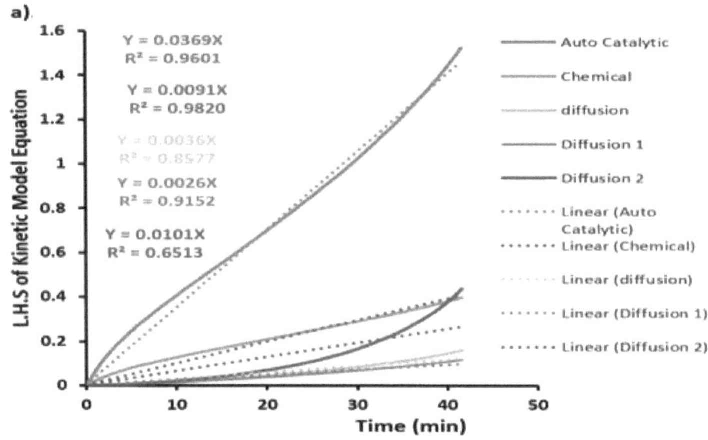

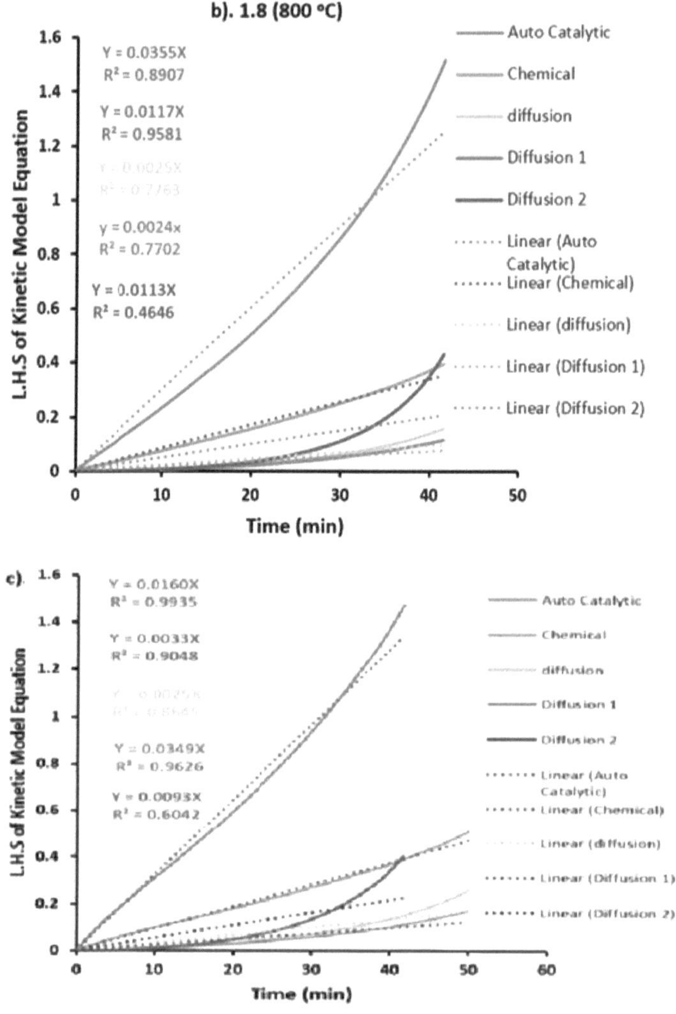

Figura 4.30: Cinética isotérmica da amostra de carvão de densidade 1,8, a) a 400°C, b) a 600°C e c) a 1000°C

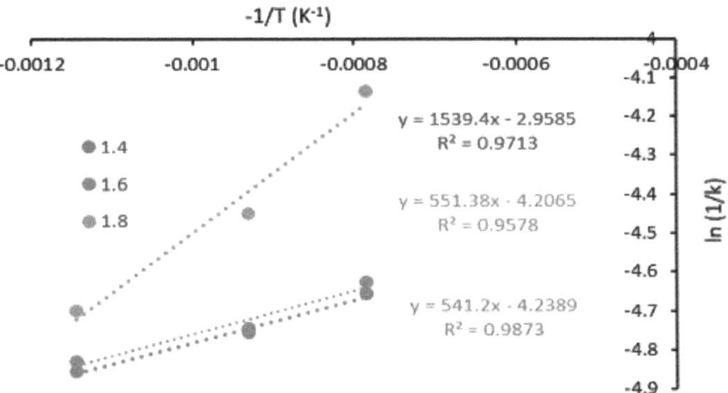

Figura 4.31: Gráficos de ln (1/k) vs -1/T para as constantes de velocidade obtidas a partir da equação do modelo cinético 1.4, 1.6 e 1.8 no intervalo de temperatura de 600°C e 1000°C

CAPÍTULO 5

CONCLUSÕES

- As amostras de carvão MSRB1, MSRB2, MSRB3, MDNR12 e MDNR24 são de natureza semelhante (sub-betuminosa e betuminosa).
- Os AFTs de MSRB1, MSRB2, MSRB3, MDNR12 e MDNR24 são elevados, indicando a presença apreciável de quartzo e sillimanite.
- O quartzo e a caulinite são os minerais comuns em todos os furos de sondagem de carvão da bacia carbonífera de Talcher, enquanto a caulinite desapareceu após o aquecimento das cinzas acima de 400°C.
- A composição química de cada um dos cinco espécimes de cinzas de carvão mostrou que a relação $SiO_2/Al\,O_{23}$ igual a 2,2 a 2,9.
- De acordo com os cálculos termodinâmicos, a formação da escória fundida começa a 825^0 C para as amostras MDNR12 e MDNR24 e a 1025°C para as restantes três amostras.
- O mineral consiste em escória-líquido, bem como em material cristalino entre 1000°C e 1250°C. No entanto, o modelo Urbain assume que o mineral está num estado completamente fundido e, portanto, as equações não consideram o efeito de fases sólidas não fundidas.
- As estimativas termodinâmicas mostram que a fase de escória começa a formar-se por volta de 1100 °C, enquanto a temperatura de liquidus é superior a 1400 °C. Dentro deste intervalo de temperatura, a fase de escória coexiste com partículas de fase sólida.
- A presença de partículas sólidas na fase de escória aumenta a viscosidade da escória líquida.
- O aumento da basicidade das escórias diminui a fração sólida e a viscosidade das respectivas amostras de carvão. A razão para tal é a formação de fases de baixa fusão, como a cordierite, com o aumento do teor de óxidos básicos.
- O aumento da basicidade das escórias diminui a fração sólida e a viscosidade das respectivas amostras de carvão. A razão para tal é a formação de fases de baixa fusão, como a cordierite, com o aumento do teor de óxidos básicos.
- A análise AFT mostra que a IDT de cada uma das cinco amostras de cinzas de carvão é superior a 1340 °C. Além disso, verificou-se que a temperatura de fusão é superior a 1470 °C, o que indica a sua aptidão para utilização industrial.
- A taxa de perda de massa para os carvões 1.4, 1.6 e 1.8 pode ser encontrada como 1.2 µg/min, 1.2 µg/min e 1.7 µg.-inin, respetivamente.
- A maior parte da desvolatilização do carvão ocorre na zona de aquecimento no processo de pirólise.

Âmbito futuro

O projeto de caldeiras de centrais eléctricas depende das características do carvão e do seu teor de cinzas. O elevado teor de cinzas na matriz de carvão diminui o poder calorífico do carvão, pelo que, no futuro, estes estudos podem alargar-se à utilização de diferentes aditivos no comportamento de escória dos depósitos de cinzas em centrais térmicas. Este estudo pode ser alargado à gaseificação de carvões de baixa qualidade na presença de vapor e oxigénio.

Referências

Al-Otoom, A. Y., G. W. Bryant, L. K. Elliott, B. J. Skrifvars, M. Hupa, e T. F. Wall. "Opções experimentais para determinar a temperatura para o início da sinterização de cinzas de carvão". *Energy & fuels* 14, no. 1 (2000): 227-233.

Al-Otoom, A. Y., L. K. Elliott, T. F. Wall e B. Moghtaderi. "Medição da cinética de sinterização de cinzas de carvão". *Energy & fuels* 14, no. 5 (2000): 994-1001.

Arenillas, A., F. Rubiera, C. Pevida, e J. J. Pis. "A comparison of different methods for predicting coal devolatilisation kinetics." *Journal of analytical and applied pyrolysis* 58 (2001): 685-701.

Arvelakis, S., H. Gehrmann, M. Beckmann, e E. G. Koukios. "Efeito da lixiviação no comportamento das cinzas do resíduo de azeitona durante a gaseificação em leito fluidizado." *Biomass and Bioenergy* 22, no. 1 (2002): 55-69.

Banerjee, Amit, P. R. Mishra, Ashok Mohanty, K. Chakravarty, R. Das Biswas, Rina Sahu e S. Chakravarty. "Distribuição de espécies minerais em diferentes veios de carvão da bacia carbonífera de Talcher e o seu comportamento de transformação a temperaturas variáveis." *International Journal of Coal Science & Technology* 3, no. 2 (2016): 97-103.

Bale, Christopher W., E. Bélisle, Patrice Chartrand, Sergui A. Decterov, G. Eriksson, A. E. Gheribi, K. Hack et al. "Reprint of: FactSage software termoquímico e bancos de dados, 2010-2016." *Calphad* 55 (2016): 1-19.

Bale C W, Bélisle E, Chartrand P, Decterov S A, Eriksson G, Gheribi A E, Hack K, Jung I H, Kang Y B, Melançon J e Pelton A D, *FactSage thermochemical software and databases*, Calphad (2016), p 1.

Barroso, J., J. Ballester, L. M. Ferrer, e S. Jiménez. "Estudo da deposição de cinzas de carvão num reator de fluxo arrastado: Influência do tipo de carvão, composição da mistura e condições de funcionamento". Tecnologia de processamento de combustível 87, no. 8 (2006): 737-752.

Baruah, B. P., e Puja Khare. "Pirólise de carvões indianos com alto teor de enxofre". Energy & Fuels 21, no. 6 (2007): 3346-3352.

Baxter, Larry L. *Ash Deposit Formation and Deposit Properties. A Comprehensive Summary of Research Conducted at Sandia's Combustion Research Facility*. No. SAND2000-8253. Sandia National Labs, Albuquerque, NM (EUA); Sandia National Labs, Livermore, CA (EUA), 2000.

Behera, Sushanta K., Sudipto Chakraborty, e B. C. Meikap. "Mecanismo de desmineralização e influência de parâmetros no carvão indiano com alto teor de cinzas por lixiviação química de solução ácida e alcalina". *International Journal of Coal Science & Technology* 5, no. 2 (2018): 142-155.

Behera, Sushanta K., Sudipto Chakraborty, e B. C. Meikap. "Desmineralização química de carvão indiano com alto teor de cinzas usando soluções alcalinas e ácidas". *Fuel* 196 (2017): 102-109.

Bhargava, S. K., Ashish Garg e N. D. Subasinghe. "Estudos in situ de transformação de fase a alta temperatura na pirite". *Fuel* 88, no. 6 (2009): 988-993.

Borio, R. W., e A. A. Levasseur. "Visão geral da deposição de cinzas de carvão em caldeiras". In *188th Meeting of the American Chemical Society, Philadelphia, USA*, pp. 193-203. 1984.

Bool III, Lawrence E., Thomas W. Peterson, e Jost OL Wendt. "A partição do ferro durante a combustão de carvão pulverizado". *Combustion and flame* 100, no. 1-2 (1995): 262-270.

Bryant, G. W., J. A. Lucas, S. K. Gupta, e T. F. Wall. "Utilização da análise termomecânica para quantificar as adições de fluxo necessárias para o fluxo de escória em gaseificadores de escória alimentados com carvão." *Energy & fuels* 12, no. 2 (1998): 257-261.

Browning, G. J., G. W. Bryant, H. J. Hurst, J. A. Lucas, e T. F. Wall. "An empirical method for the prediction of coal ash slag viscosity." *Energy & Fuels* 17, no. 3 (2003): 731-737.

Bruce A. Dockter. "Rates and mechanisms of strength development in low-temperature ash deposits." Em *Applications of advanced technology to ash-related problems in boilers*, pp. 83-96. Springer, Boston, MA, 1996.

Bryers, Richard W. "Fireside slagging, fouling, and high-temperature corrosion of heattransfer surface due to impurities in steam-raising fuels." *Progresso em energia e ciência da combustão* 22, no. 1 (1996): 29-120.

Burton, E., Friedmann, J., Upadhye, R.: Best Practices in Underground Coal Gasification. Lawrence Livermore National Laboratory, Livermore (2006).

Caillé, A., Al-Moneef, M., de Castro, F. B., Bundgaard-Jensen, A., Fall, A., de Medeiros, N. F. & Doucet, G. (2007). 2007 survey of energy resources. Conselho Mundial da Energia, 2007.

Chakravarty, S., Ashok Mohanty, Amit Banerjee, Ruchira Tripathy, G. K. Mandai, M. Raviathul Basariya e Mamta Sharma. "Composição, características da matéria mineral e comportamento de fusão de cinzas de alguns carvões indianos". *Fuel* 150 (2015): 96-101.

Charon, O., A. F. Sarofim, e J. M. Beer. "Distribuição da matéria mineral no carvão pulverizado". *Progress in Energy and Combustion Science* 16, no. 4 (1990): 319-326.

Coda, Beatrice, Mariusz K. Cieplik, Paul J. de Wild e Jacob HA Kiel. "Slagging behavior of wood ash under entrained-flow gasification conditions." *Energy & fuels* 21, no. 6 (2007): 3644-3652.

Couch, Gordon. "Understanding slagging and fouling in pf combustion." (1994).

Ctvrtnickova, T., M. P. Mateo, A. Yanez, e G. Nicolas. "Aplicação de LIBS e TMA para a determinação de índices preditivos de combustão de carvões e misturas de carvão". Applied surface science 257, no. 12 (2011): 5447-5451.

Daggupati, Sateesh, Ramesh N. Mandapati, Sanjay M. Mahajani, Anuradda Ganesh, A. K. Pal, R. K. Sharma e Preeti Aghalayam. "Compartment modeling for flow characterization of underground coal gasification cavity." *Pesquisa em química industrial e de engenharia* 50, no. 1 (2011): 277-290.

Degereji, M. U., D. B. Ingham, L. Ma, M. Pourkashanian e A. Williams. "Previsão da propensão de escória de cinzas em um forno de combustão de carvão pulverizado". Fuel 101 (2012): 171-178.

Easterly, James L., e Margo Burnham. "Overview of biomass and waste fuel resources for power production." *Biomass and Bioenergy* 10, no. 2-3 (1996): 79-92.

Erickson, T. A., S. E. Allan, D. P. McCollor, J. P. Hurley, S. Srinivasachar, S. G. Kang, J. E. Baker, M. E. Morgan, S. A. Johnson e R. Borio. "Modelação de incrustações e escórias em caldeiras utilitárias alimentadas a carvão". *Tecnologia de Processamento de Combustível* 44, no. 1-3 (1995): 155-171.

Fernandez-Turiel, Jose-Luis, Andreas Georgakopoulos, Domingo Gimeno, Georgios Papastergios e Nestoras Kolovos. "Deposição de cinzas numa central eléctrica a carvão pulverizado após combustão de lenhite com elevado teor de cálcio." *Energy & Fuels* 18, no. 5 (2004): 15121518.

Gheribi A E, Audet C, Le Digabel S, Bélisle E, Bale C W e Pelton A D, *Calculating optimal conditions for alloy and process design using thermodynamic and property databases, the FactSage software and the Mesh Adaptive Direct Search algorithm*, Calphad (2012), p 135.

Goni, Ch, S. Helle, X. Garcia, A. Gordon, R. Parra, U. Kelm, R. Jimenez e G. Alfaro. "Combustão de mistura de carvão: classificação da fusibilidade a partir da composição da matéria mineral^." *Fuel* 82, no. 15-17 (2003): 2087-2095.

Gupta, R. P., T. F. Wall, e L. Baxter. "A condutividade térmica dos depósitos de cinzas". In Impact of mineral impurities in solid fuel combustion (Impacto das impurezas minerais na combustão de combustíveis sólidos), pp. 65-84. Springer, Boston, MA, 2002.

Gupta, R. P. "Coal research in Newcastle-past, present and future" [Investigação sobre o carvão em Newcastle - passado, presente e futuro]. Fuel 84, no. 10 (2005): 1176-1188.

Gupta, S. K., R. P. Gupta, G. W. Bryant e T. F. Wall. "O efeito do potássio na fusibilidade de cinzas de carvão com altos níveis de sílica e alumina". *Fuel* 77, no. 11 (1998): 11951201.

Gupta, S. K., T. F. Wall, R. A. Creelman e R. P. Gupta. "Temperaturas de fusão de cinzas e as transformações de partículas de cinzas de carvão em escória". *Tecnologia de processamento de combustível* 56, no. 1-2 (1998): 33-43.

Hanxu, L.I., Yoshihiko, N., Zhongbing, D. e Zhang, M., Application *of the FactSage to Predict the Ash Melting Behavior in Reducing Conditions*, Chinese Journal of Chemical Engineering (2006), p 784.

Harris, D.J., Patterson, J.H. *Use of Australian bituminous coals in IGCC power generation technologies (Utilização de carvões betuminosos australianos em tecnologias de produção de eletricidade IGCC)*. Aust Inst Energy News J, 13 (1995), pp. 22-32.

Harvey, Jean-Philippe, Francis Lebreux-Desilets, Jeanne Marchand, Kentaro Oishi, Anya-Fettouma Bouarab, Christian Robelin, Aimen E. Gheribi e Arthur D. Pelton. "Sobre a aplicação do software termoquímico FactSage e bancos de dados em ciência dos materiais e pirometalurgia". *Processes* 8, no. 9 (2020): 1156.

Haykiri-Acma, H., S. Yaman, e S. Kucukbayrak. "Efeito da biomassa nas temperaturas de sinterização e deformação inicial das cinzas de lenhite". *Fuel* 89, no. 10 (2010): 3063-3068.

Hurley, John P., Jan W. Nowok, Jay A. Bieber e Bruce A. Dockter. "Desenvolvimento de resistência a baixas temperaturas em depósitos de cinzas de carvão". *Progresso na ciência da energia e da combustão* 24, no. 6 (1998): 513-521.

Huang, Zhenyu, Yan Li, Dan Lu, Zhijun Zhou, Zhihua Wang, Junhu Zhou e Kefa Cen. "Melhoria da tendência de escória das cinzas de carvão através da lavagem do carvão e da mistura de aditivos com a geração de mulita." Energy & fuels 27, no. 4 (2013): 2049-2056.

Hurley, John P., e Harold H. Schobert. "Formação de cinzas durante a combustão de carvão sub-betuminoso pulverizado. 1. Caracterização de carvões e transformações inorgânicas durante as fases iniciais da combustão." *Energy & fuels* 6, no. 1 (1992): 47-58.

Jak, Evgueni. "Previsão das temperaturas de fusão das cinzas de carvão com o pacote informático de termodinâmica F* A* C* T". *Fuel* 81, no. 13 (2002): 1655-1668.

Jak, Evgueni, Sergei Degterov, Peter C. Hayes e Arthur D. Pelton. "Modelação termodinâmica do sistema Al2O3- SiO2- CaO- FeO- Fe2O3 para prever os requisitos de fluxo para escórias de cinzas de carvão." *Fuel* 77, no. 1-2 (1998): 77-84.

Jin, B. A. I., L. I. Wen, Chun-Zhu Li, Zong-Qing Bai e Bao-Qing Li. "Influência da mistura de carvão na transformação mineral a altas temperaturas". *Mining Science and Technology (China)* 19, no. 3 (2009): 300-305.

Jing, Nijie, Qinhui Wang, Leming Cheng, ZhongyangLuo, Kefa Cen e Dongke Zhang. "Efeito da temperatura e da pressão nas características mineralógicas e de fusão das cinzas de carvão de Jincheng em ambientes simulados de combustão e gaseificação." *Fuel* 104 (2013): 647-655.

Jing, Nijie, Qinhui Wang, ZhongyangLuo e Kefa Cen. "Efeito de diferentes atmosferas de reação na temperatura de sinterização das cinzas de carvão de Jincheng em condições pressurizadas". *Fuel* 90, no. 8 (2011): 2645-2651.

Kahraman, H., A. P. Reifenstein, e C. D. A. Coin. "Correlação do comportamento das cinzas em centrais eléctricas utilizando o teste de fusão de cinzas melhorado". *Fuel* 78, no. 12 (1999): 1463-1471.

Kalisz, Sylwester, e Marek Pronobis. "Investigações sobre a taxa de incrustação em feixes convectivos de caldeiras a carvão em relação à otimização do funcionamento do soprador de fuligem." Fuel 84, no. 7-8 (2005): 927-937.

Khadse, A., Qayyumi, M., Mahajani, S., & Aghalayam, P. (2007). Underground coal gasification: A new clean coal utilization technique for India. Energia, 32(11), 2061-2071.

Klein, C., e C. S. HURLBUT JR. "Mineralogia sistemática parte III: carbonatos, nitratos, boratos, sulfatos, cromatos, tungstatos, molibdatos, fosfatos, arseniatos e vanadatos". *KLEIN, C.; HURLBUT JR., CS Manual of Mineralogy. Segundo JD Dana. 21ª ed. Nova Iorque: John Wiley & Sons* (1993): 403-439.

Klein, C., C. S. Hurlbut, e J. D. Dana. "Manual of Mineralogy, Hoboken". (1993).

Kumar, Naresh, R. Venugopal, S. Soren e S. Chakravarty. "Modelagem termodinâmica do efeito do fluxo nas temperaturas de Liquidus e transições de fase em cinzas de carvão". *Journal of the Geological Society of India* 96, no. 1 (2020): 87-90.

Kondratiev, Alex, e Evgueni Jak. "Previsão das características de fluxo das escórias de cinzas de carvão (modelo de viscosidade para o sistema Al2O3-CaO-'FeO'-SiO2)." Fuel 80, no. 14 (2001): 1989-2000.

Kondratiev A, Jak E e Hayes P C, Predicting slag viscosities in metallurgical systems, JOM(2002), p 41.

Kupka, Tomasz, Marco Mancini, Michael Irmer e Roman Weber. "Investigation of ash deposit formation during co-firing of coal with sewage sludge, saw-dust and refuse derived fuel." Fuel 87, no. 12 (2008): 2824-2837.

Li, Jianbo, Mingming Zhu, Zhezi Zhang, Kai Zhang, GuoqingShen e Dongke Zhang. "A mineralogia, a morfologia e as características de sinterização dos depósitos de cinzas numa sonda a diferentes temperaturas durante a combustão de misturas de lenhite de Zhundong e carvão betuminoso num forno de tubos de queda." *Tecnologia de Processamento de Combustível* 149 (2016): 176-186.

Li, Fenghai, Jiejie Huang, Yitian Fang e Yang Wang. "Mecanismo de formação de escórias durante a gaseificação de lignite em leito fluidizado". Energy & fuels 25, no. 1 (2011): 273-280.

Li X, Wu H, Hayashi J e Li C. "Volatilização e efeitos catalíticos de espécies metálicas alcalinas e alcalino-terrosas durante a pirólise e gaseificação do carvão castanho de Victoria. Parte VI. Investigação adicional sobre os efeitos das interacções volátil-carvão. Fuel 83, no.10 (2004): 1273-1279.

Lokare, Shrinivas S., J. David Dunaway, David Moulton, Douglas Rogers, Dale R. Tree e Larry L. Baxter. "Investigation of ash deposition rates for a suite of biomass fuels and fuel blends" (Investigação das taxas de deposição de cinzas para um conjunto de combustíveis de biomassa e misturas de combustíveis). Energy & Fuels 20, no. 3 (2006): 1008-1014.

Luan, Chao, Changfu You e Dongke Zhang. "Uma investigação experimental sobre as características e o mecanismo de deposição de cinzas de carvão de alta viscosidade". *Fuel* 119 (2014): 14-20.

Luan, Chao, Changfu You e Dongke Zhang. "Composição e características de sinterização de cinzas provenientes da co-combustão de carvão e biomassa num forno de tubos de queda à escala laboratorial." *Energy* 69 (2014): 562-570.

Matjie, Ratale H., David French, Colin R. Ward, Petrus C. Pistorius e Zhongsheng Li. "Comportamento da matéria mineral do carvão na sinterização e escória das cinzas durante o processo de gaseificação". *Tecnologia de Processamento de Combustível* 92, no. 8 (2011): 1426-1433.

Matsuoka, Koichi, Toru Yamashita, Koji Kuramoto, Yoshizo Suzuki, Akira Takaya e Akira Tomita. "Transformação de metais alcalinos e alcalino-terrosos em carvão de baixo teor durante a gaseificação". *Fuel* 87, no. 6 (2008): 885-893.

McLennan, A. R., G. W. Bryant, C. W. Bailey, B. R. Stanmore e T. F. Wall. "Índice de escória à base de ferro para a queima de carvão pulverizado em condições de oxidação e redução." Energy & fuels 14, no. 2 (2000): 349-354.

Metcalfe, Ian. "ASIA| Sudeste." *Módulo de Referência em Sistemas Terrestres e Ciências Ambientais, Elsevier* (2013).

Mills K C, e Sridhar S, Viscosities of ironmaking and steelmaking slags, Ironmaking & Steelmaking (1999), p 262.

Mishra, D. P., Kumar. K, e Sahu. J. N., "Study of Pyrolyzates from a Variety of Indian Coals and Their Dependency on Coal Type and Intrinsic Properties-An Analytical Fast Pyrolysis Study." *Ciência e Tecnologia da Combustão* (2021): 1-22.

Mishra, P. R, Sahu. R, e Chakravarty. S'. "Efeito do teor de cinzas na pirólise do carvão de origem indiana". *Transações do Instituto Indiano de Metais* 74, no. 9 (2021): 2357-2366.

Mishra, P. R, Sahu. R, e Chakravarty. S', "Viscosity analysis of indian origin coal by using factsage at different temperatures." *Transacções do Instituto Indiano de Metais* 73, n.º 1 (2020): 207-214.

Mishra V., Bhowmick T, Chakravarty S, Varma A K e Sharma M, *Influência da* qualidade do *carvão no comportamento da combustão e nas transformações das fases minerais, Fuel (2016),* p 443.

Mushtaq, Faisal, Ramli Mat e Farid Nasir Ani. "Uma revisão sobre a pirólise assistida por micro-ondas de carvão e biomassa para a produção de combustível." *Renewable and Sustainable Energy Reviews* 39 (2014): 555-574.

Ngee N.L., "Characterisation of Mineral Matter in selected Australian Coals and Its Relation to the formation of fine ash and cenospheres" Tese de doutoramento 2008.

Nowok, Jan W., John P. Hurley, e Steven A. Benson. "O papel dos factores físicos no transporte de massa durante a sinterização de cinzas de carvão e a deformação do depósito perto da temperatura de transformação do vidro." *Tecnologia de processamento de combustível* 56, no. 1-2 (1998): 89101.

Öhman, Marcus, Dan Boström, Anders Nordin, e Henry Hedman. "Efeito da adição de caulino e calcário na formação de escórias durante a combustão de combustíveis de madeira". Energy & Fuels 18, no. 5 (2004): 1370-1376.

Pan, Y., Zhu, R., Banerjee, S. K., Gill, J., & Williams, Q. (2000). Papers on Geomagnetism and Paleomagnetism Marine Geology and Geophysics-Rock magnetic properties related to thermal treatment of siderite: Comportamento e interpretação (Paper 1999JB900358). *Journal of Geophysical Research-Part B-Solid Earth, 105*(1), 783-794.

Pati A, Sahoo S K, Mishra B e Mohanty U K, A viscosidade da escória de alto-forno industrial no cenário indiano. Transacções do Instituto Indiano de Metais (2018), p 1.

Pipatmanomai, Suneerat, Bundit Fungtammasan e Sankar Bhattacharya. "Características e composição de lignites e cinzas de caldeiras e sua relação com a escória: O caso das caldeiras Mae Moh PCC". *Fuel* 88, no. 1 (2009): 116-123.

Raask, Erich. *Mineral impurities in coal combustion: behavior, problems, and remedial measures*. Taylor & Francis, 1985.

Ram, L. C., P. S. M. Tripathi, e S. P. Mishra. "Mössbauer spectroscopic studies on the transformations of iron-bearing minerals during combustion of coals: Correlação com incrustação e escória". Tecnologia de Processamento de Combustível 42, no. 1 (1995): 47-60.

Raghuvanshi, G., Chakraborty, P., Hazra, B., Adak, A. K., Singh, P. K., Singh, A. K., & Singh, V. (2020). Comportamento de pirólise e combustão de alguns carvões indianos com alto teor de cinzas. *Jornal Internacional de Preparação e Utilização de Carvão*, 1-21.

Rezaei, H. R., R. P. Gupta, G. W. Bryant, J. T. Hart, G. S. Liu, C. W. Bailey, T. F. Wall, S. Miyamae, K. Makino e Y. Endo. "Condutividade térmica de cinzas e escórias de carvão e modelos utilizados". Fuel 79, no. 13 (2000): 1697-1710.

Roddy, Dermot J., e Paul L. Younger. "Underground coal gasification with CCS: a pathway to decarbonising industry." *Energy & Environmental Science* 3, no. 4 (2010): 400-407.

Roscoe, R. "The viscosity of suspensions of rigid spheres" [A viscosidade de suspensões de esferas rígidas]. *British journal of applied physics* 3, no. 8 (1952): 267.

Rushdi, A., A. Sharma, e R. Gupta. "Um estudo experimental do efeito da mistura de carvão na deposição de cinzas". *Fuel* 83, no. 4-5 (2004): 495-506.

Rushdi, A., e R. Gupta. "Investigação da estrutura do depósito de carvões e misturas: medição da porosidade a granel do depósito utilizando a técnica de análise termomecânica." Fuel 84, no. 5 (2005): 595-610.

Russell, Nigel V., Fraser Wigley, e Jim Williamson. "Os papéis da cal e do óxido de ferro na formação de cinzas e depósitos na combustão de PF". Fuel 81, no. 5 (2002): 673-681.

Sato, Naoki, Dedy Eka Priyanto, Shunichiro Ueno, Yoshiaki Matsuzawa, Yasuaki Ueki, Ryo Yoshiie e Ichiro Naruse. "Crescimento e derramamento de gravidade da camada de deposição de cinzas em combustores de carvão pulverizado". Tecnologia de Processamento de Combustível 134 (2015): 1-10.

Senior, C. L. "Predicting removal of coal ash deposits in convective heat exchangers". Energy & fuels 11, no. 2 (1997): 416-420.

Shackley, Simon, Sarah Mander e Alexander Reiche. "Public perceptions of underground coal gasification in the United Kingdom" [Percepções públicas da gaseificação subterrânea do carvão no Reino Unido]. *Energy Policy* 34, no. 18 (2006): 3423-3433.

Shaik, Saida, Sanchita Chakravarty, Priya Ranjan Mishra, Rina Sahu e K. Chakravarty. "Testes de capacidade de aglomeração para misturas de carvão em processo para utilizar os carvões de origem indiana". *Transações do Instituto Indiano de Metais* 72, no. 12 (2019): 31293137.

Skrifvars, Bengt Johan, Mikko Hupa e Matti Hiltunen. "Sinterização de cinzas durante a combustão em leito fluidizado". *Industrial & engineering chemistry research* 31, no. 4 (1992): 1026-1030.

Salomão. P. R, D. G. Hamblen, R. M. Carangelo, M. A. Serio, e G. V. Deshpande. "Modelo geral de desvolatilização do carvão". *Energy & Fuels* 2, no. 4 (1988): 405-422.

Solomon, Peter R., David G. Hamblen, Robert M. Carangelo, Michael A. Serio e Girish V.

Deshpande. "Modelos de formação de alcatrão durante a devolatilização do carvão". *Combustão e chama* 71, no. 2 (1988): 137-146.

Song, Wen J., Li H. Tang, Xue D. Zhu, Yong Q. Wu, Zi B. Zhu, e Shuntarou Koyama. "Efeito da composição das cinzas de carvão nas temperaturas de fusão das cinzas". *Energy & fuels* 24, no. 1 (2010): 182-189.

Srinivasachar, Srivats, Joseph J. Helble e Arthur A. Boni. "An experimental study of the inertial deposition of ash under coal combustion conditions." In *Symposium (International) on Combustion*, vol. 23, no. 1, pp. 1305-1312. Elsevier, 1991.

Su, Shi, John H. Pohl e Don Holcombe. "Fouling propensities of blended coals in pulverized coal-fired power station boilers." *Fuel* 82, no. 13 (2003): 1653-1667.

Su, Shi, John H. Pohl, Don Holcombe e John A. Hart. "Slagging propensities of blended coals" (Propensão à escória de carvões misturados). *Fuel* 80, no. 9 (2001): 1351-1360.

Takuwa, Tsuyoshi, e Ichiro Naruse. "Cinética detalhada e controlo de compostos de metais alcalinos durante a combustão de carvão". Tecnologia de Processamento de Combustível 88, no. 11-12 (2007): 1029-1034.

Telfer, Marnie, e Dong-ke Zhang. "A influência da matéria inorgânica solúvel em água e solúvel em ácido nas transformações de enxofre durante a pirólise de carvões de baixo teor". *Fuel* 80, no. 14 (2001): 2085-2098.

Ten Brink, H. M. "Finos de sílica de quartzo incluído na combustão de carvão pulverizado". Em *Fuel and Energy Abstracts*, vol. 4, no. 38, p. 252. 1997.

Ten Brink, H. M., S. Eenkhoorn, e G. Hamburg. "Fragmentação de calcite numa chama de carvão simulada". *Journal of Aerosol Science* 26 (1995).

Tillman, David A. "Biomass cofiring: the technology, the experience, the combustion consequences." *Biomassa e bioenergia* 19, no. 6 (2000): 365-384.

Tonmukayakul, N., e Q. D. Nguyen. "Um novo reómetro para medição direta das propriedades de fluxo das cinzas de carvão a altas temperaturas". *Fuel* 81, no. 4 (2002): 397-404.

Tomeczek, Jerzy, e Henryk Palugniok. "Cinética da transformação da matéria mineral durante a combustão do carvão". *Fuel* 81, no. 10 (2002): 1251-1258.

Tokmurzin, Diyar, Desmond Adair, Timur Dyussekhanov, Kalkaman Suleymenov, Boris Golman e Berik Aiymbetov. "Desenvolvimento de um processo de gaseificação parcial de leito fluidizado circulante para coprodução de semi-coque metalúrgico e gás de síntese e sua integração com usina de energia para produção de eletricidade." *Jornal Internacional de Preparação e Utilização de Carvão* (2019): 1-26.

Troiano, Maurizio, Ramona Carbone, Fabio Montagnaro, Piero Salatino e Roberto Solimene. "Um reator modelo de fluxo frio em escala de laboratório para investigar a segregação de partículas perto da parede relevante para gaseificadores de carvão com escória de fluxo arrastado." Fuel 117 (2014): 12671273.

Van Dyk J C, Waanders F B, Benson S A, Laumb M L e Hack K, Previsões de viscosidade da composição da escória do carvão gaseificado, utilizando a modelação de equilíbrio FactSage, Fuel (2009), p 67.

Vassilev, Stanislav V., Greta M. Eskenazy, e Christina G. Vassileva. "Comportamento de elementos e minerais durante a preparação e combustão do carvão Pernik, Bulgária." *Tecnologia de Processamento de Combustível* 72, no. 2 (2001): 103-129.

Vassilev, Stanislav V., Christina G. Vassileva, Ali I. Karayigit, Yilmaz Bulut, Andres Alastuey e Xavier Querol. "Phase-mineral and chemical composition of composite samples from feed coals, bottom ashes and fly ashes at the Soma power station, Turkey." *International Journal of Coal Geology* 61, no. 1-2 (2005): 35-63.

Vassilev, Stanislav V., Kunihiro Kitano, Shohei Takeda, e Takashi Tsurue. "Influência da composição mineral e química das cinzas de carvão na sua fusibilidade". *Tecnologia de Processamento de Combustível* 45, no. 1 (1995): 27-51.

Vassilev, Stanislav V., Kunihiro Kitano, e Christina G. Vassileva. "Algumas relações entre a classificação do carvão e a composição química e mineral". *Fuel* 75, no. 13 (1996): 15371542.

Veras, Carlos AG, João A. Carvalho Jr, e Marco A. Ferreira. "O modelo de devolatilização por percolação química aplicado à devolatilização de carvão em campos acústicos de alta intensidade." Revista da Sociedade Brasileira de Química 13, no. 3 (2002): 358-367.

Vuthaluru, Hari B., Dong-ke Zhang e Temi M. Linjewile. "Comportamento dos constituintes inorgânicos e características das cinzas durante a combustão em leito fluidizado de vários carvões australianos de baixo teor". *Fuel processing technology* 67, no. 3 (2000): 165-176.

Vuthaluru, Hari B., e Dong-ke Zhang. "Efeito da mistura de carvão na aglomeração de partículas e defluidização durante a combustão em leito de jorro de carvões de baixo teor". *Tecnologia de processamento de combustível* 70, no. 1 (2001): 41-51.

Vuthaluru, Hari B., e Dong-ke Zhang. "Effect of Ca-and Mg-bearing minerals on particle agglomeration defluidisation during fluidised-bed combustion of a South Australian lignite." *Tecnologia de processamento de combustível* 69, no. 1 (2001): 13-27.

Wall, T. F., R. A. Creelman, R. P. Gupta, S. K. Gupta, C. Coin e A. Lowe. "Temperaturas de fusão das cinzas de carvão - novas técnicas de caraterização e implicações para a escória e a incrustação". *Progress in energy and combustion science* 24, no. 4 (1998): 345-353.

Wall, T. F., S. K. Gupta, R. P. Gupta, R. H. Sanders, R. A. Creelman e G. W. Bryant. "Falsas temperaturas de deformação para fusibilidade de cinzas associadas às condições de preparação de cinzas." *Fuel* 78, no. 9 (1999): 1057-1063.

Wang, Qunying, Lian Zhang, Atsushi Sato, Yoshihiko Ninomiya e Toru Yamashita. "Efeitos da mistura de carvão na redução de PM10 durante a combustão a alta temperatura 1. Transformações minerais". *Fuel* 87, no. 13-14 (2008): 2997-3005.

Wang, Gongliang, Tiago Pinto, e Mário Costa. "Investigação sobre a formação de depósitos de cinzas durante a co-combustão de carvão com resíduos agrícolas num forno de laboratório de grande escala." *Fuel* 117 (2014): 269-277.

Wee, Hui Ling, Hongwei Wu, Dong-ke Zhang e David French. "O efeito das condições de combustão na transformação da matéria mineral e na deposição de cinzas numa caldeira de serviço público alimentada com um carvão sub-betuminoso." *Proceedings of the Combustion Institute* 30, no. 2 (2005): 2981-2989.

Wee, Hui Ling, Hongwei Wu e Dong-ke Zhang. "Heterogeneidade dos depósitos de cinzas formados numa caldeira de serviço público durante a combustão de PF." *Energy & fuels* 21, no. 2 (2007): 441450.

Wigley, Fraser, Jim Williamson e Gerry Riley. "O efeito das adições minerais na deposição de cinzas de carvão". Tecnologia de Processamento de Combustível 88, no. 11-12 (2007): 1010-1016.

Yan, Li, Raj Gupta e Terry Wall. "Fragmentation behavior of pyrite and calcite during high-temperature processing and mathematical simulation" [Comportamento de fragmentação da pirite e da calcite durante o processamento a alta temperatura e simulação matemática]. *Energy & fuels* 15, no. 2 (2001): 389-394.

Yan, L., R. P. Gupta, e T. F. Wall. "The implication of mineral coalescence behaviour on ash formation and ash deposition during pulverised coal combustion." *Fuel* 80, no. 9 (2001): 1333-1340.

Yu, C., P. Thy, L. Wang, S. N. Anderson, J. S. VanderGheynst, S. K. Upadhyaya e Bryan M. Jenkins. "Influência do pré-tratamento de lixiviação nas propriedades de combustível da biomassa". *Tecnologia de Processamento de Combustível* 128 (2014): 43-53.

. Yu, Yun, MinghouXu, Hong Yao, Dunxi Yu, Yu Qiao, Jiancai Sui, Xiaowei Liu e Qian Cao. "Características do carvão e formação de partículas durante a combustão de carvão betuminoso chinês". *Proceedings of the Combustion Institute* 31, no. 2 (2007): 1947-1954.

Zbogar, Ana, Flemming J. Frandsen, Peter Arendt Jensen e Peter Glarborg. "Transferência de calor em depósitos de cinzas: A modeling tool-box". *Progress in energy and combustion science* 31, no. 5-6 (2005): 371-421.

Zhang, Dongke. "Centrais eléctricas a carvão ultra-supercrítico". *Materiais, tecnologias e otimização* (2013).

Zhang, Lian, Yoshihiko Ninomiya e Toru Yamashita. "Formação de partículas submicrónicas (PM1) durante a combustão de carvão e influência da temperatura de reação." *Fuel* 85, no. 10-11 (2006): 1446-1457.

Zhang, Shouyu, Chuan Chen, Dazhong Shi, LüJunfu, Jian WANG, Xi GUO, Aixia DONG e Shaowu XIONG. "Situação da utilização da combustão de carvão com alto teor de sódio". In *ZhongguoDianjiGongchengXuebao(Proceedings of the Chinese Society of Electrical Engineering)*, vol. 33, no. 5, pp. 1-12. Sociedade Chinesa de Engenharia Eléctrica, 2013.

Zhou, Hao, Bin Zhou, Letian Li e Hailong Zhang. "Investigação da influência da temperatura do forno nas características do depósito de escória usando uma técnica de imagem digital." Energy & fuels 28, no. 9 (2014): 5756-5765.

Trans Indian Inst Met
https://doi.org/10.1007/s12666-021-02334-2

ORIGINAL ARTICLE

Effect of Ash Content on the Pyrolysis of Indian Origin Coal

Priya Ranjan Mishra[1] · Rina Sahu[1] · Sanchita Chakravarty[2]

Received: 14 April 2021 / Accepted: 13 June 2021
© The Indian Institute of Metals - IIM 2021

Abstract The current research investigates the kinetics of non-isothermal and isothermal pyrolysis of three different coal types (with different ash content) using the thermogravimetric (TGA) method in an argon atmosphere. The effect of mineral matter content on the pyrolysis characteristics was presented within the temperature range 600–1000 °C. The high ash coal sample used in the present study was collected from Talcher region, Orissa State, India. The coal sample was divided into three fractions (1.4, 1.6, 1.8) using the density separation technique to examine the effect of mineral matter or ash content on the coal pyrolysis during isothermal and non-isothermal heating. The results in the current study show that the mineral matter content helps in aiding the devolatilization rates in the pyrolysis process. Compared to the other coals, the 1.8 coal with a high ash content shows the maximum mass loss rate in the devolatilization range. The mass loss rate for the 1.4, 1.6, and 1.8 coals is found to be 1.2 μg/min, 1.2 μg/min, and 1.7 μg/min respectively. In isothermal conditions, the activation energies for 1.4, 1.6, and 1.8 is found to be 4.49 kJ/mol, 4.58 kJ/mol, and 12.5 kJ/mol, respectively.

Keywords Indian coal · Coal pyrolysis · Non-isothermal kinetics · Isothermal kinetics · Mineral matter · Devolatilization

✉ Priya Ranjan Mishra
mishranit90@gmail.com

1 Metallurgical and Materials Engineering, National Institute of Technology-Jamshedpur, Jamshedpur, India

2 CSIR-NML- ANC Division, Jamshedpur, India

1 Introduction

Among the various fossil fuels, coal and its derivatives are abundantly distributed all over the world and play a vital role in accomplishing the energy needs of our daily life. The scarcity of high-grade coal resources, abundance, and the low cost of low-grade coals makes them the best replacement for the feed material in the energy and power sectors. However, the high ash content and moisture present in low-grade coal makes them invulnerable for industrial utilization [1, 2]. There is plenty of literature available on the removal of ash content from the high ash coals using both physical and chemical separation techniques before feeding into industrial furnaces or gasification chambers [3, 4].

At present, there are two major technologies- coal combustion and gasification, which are widely used in the industrial sectors. Compared to combustion, the gasification technology has advantages like the possibility of poly-generation and simultaneous carbon dioxide sequestration along with economic and environmental benefits. However, the gasification technology faces problems during its application. These problems are related to the depleting resources of high-rank coal and severe conditions during the gasification operation. In India, 70% of thermal power plants and 80% of steel-making industries work on coal gasification technology. India is bestowed with large quantities of coal resources- about 301 billion tonnes. However, since most of these coal resources are of drift origin, they fall under the inferior category with high ash and moisture content [5]. The removal of the mineral matter or ash to a definite level is very difficult but cannot be completely avoided in case of Indian coals. Considering these issues, the current Indian coal gasification industries

Published online: 29 June 2021

ARTIGO ORIGINAL

Efeito do teor de cinzas na pirólise do carvão de origem indiana

Priya Ranjan Mishra[1 2] · Rina Sahu[1] · Sanchita Chakravarty[3]

✉ Priya Ranjan Mishra mishranit90@gmail.com
2 Engenharia Metalúrgica e de Materiais. Instituto Nacional de Tecnologia de Jamshedpur. Jamshedpur. Índia
3 CSIR-NML- Divisão ANC. Jamshedpur. Índia

Publicado online: 29 de junho de 2021

Recebido: 14 April 2021/Accepted: 13 de junho de 2021 © The Indian Institute of Metals - IIM 2021

Resumo O presente estudo investiga a cinética da pirólise não isotérmica e isotérmica de três tipos diferentes de carvão (com diferentes teores de cinzas) utilizando o método termogravimétrico (TGA) numa atmosfera de árgon. O efeito do teor de matéria mineral nas características de pirólise foi apresentado no intervalo de temperatura de 600-1000° C. A amostra de carvão com elevado teor de cinzas utilizada no presente estudo foi recolhida na região de Talcher, Estado de Orissa, Índia. A amostra de carvão foi dividida em três fracções (1,4, 1,6, 1,8) utilizando a técnica de separação da densidade para examinar o efeito da matéria mineral ou do teor de cinzas na pirólise do carvão durante o aquecimento isotérmico e não isotérmico. Os resultados do presente estudo mostram que o teor de matéria mineral ajuda a auxiliar as taxas de desvolatilização no processo de pirólise. Em comparação com os outros carvões, o carvão 1.8 com um elevado teor de cinzas apresenta a taxa máxima de perda de massa no intervalo de desvolatilização. A taxa de perda de massa para os carvões 1,4, 1,6 e 1,8 é de 1,2 µg/min, 1,2 µg/ min e 1,7 µg/min, respetivamente. Em condições isotérmicas, as energias de ativação para 1.4, 1.6. e 1.8 é encontrado para ser 4,49 kJ/mol, 4,58 kJ/mol e 12,5 kJ/mol, respetivamente.

Palavras-chave Carvão indiano · Pirólise de carvão · Cinética não isotérmica · Cinética isotérmica · Matéria mineral · Devolatilização

1 Introdução

Entre os vários combustíveis fósseis, o carvão e os seus derivados estão abundantemente distribuídos por todo o mundo e desempenham um papel vital na satisfação das necessidades energéticas da nossa vida quotidiana. A escassez de recursos carboníferos de alta qualidade, a abundância e o baixo custo dos carvões de baixa qualidade fazem deles o melhor substituto para a matéria-prima nos sectores da energia e da electricidade. No entanto, o elevado teor de cinzas e a humidade presentes no carvão de baixa qualidade tornam-no invulnerável à utilização industrial [1, 2]. Existe muita literatura disponível sobre a remoção do teor de cinzas dos carvões com elevado teor de cinzas, utilizando técnicas de separação físicas e químicas antes de os alimentar em fornos industriais ou câmaras de gaseificação [3, 4].

Atualmente, existem duas grandes tecnologias - a combustão e a gaseificação do carvão - que são amplamente utilizadas nos sectores industriais. Em comparação com a combustão, a tecnologia de gaseificação apresenta vantagens como a possibilidade de poligeração e de sequestro simultâneo de dióxido de carbono, bem como benefícios económicos e ambientais. No entanto, a tecnologia de gaseificação enfrenta problemas durante a sua aplicação. Estes problemas estão relacionados com o esgotamento dos recursos de carvão de alto nível e com as condições severas durante a operação de gaseificação. Na Índia, 70% das centrais térmicas e 80% das indústrias siderúrgicas utilizam a tecnologia de gaseificação do carvão. A Índia é dotada de grandes quantidades de recursos carboníferos - cerca de 301 mil milhões de toneladas. No entanto, uma vez que a maior parte destes recursos carboníferos são de origem derivada, são de categoria inferior, com elevado teor de cinzas e humidade [5]. A remoção da matéria mineral ou das cinzas para um nível definido é muito difícil, mas não pode ser completamente evitada no caso do carvão indiano. Tendo em conta estas questões, as actuais indústrias indianas de gaseificação do carvão

Springer

Trans Indian Inst Met
https://doi.org/10.1007/s12666-019-01823-9

TECHNICAL PAPER

Viscosity Analysis of Indian Origin Coal by Using FactSage at Different Temperatures

Priya Ranjan Mishra[1] · Rina Sahu[1] · Sanchita Chakravarty[2]

Received: 2 July 2019 / Accepted: 11 October 2019
© The Indian Institute of Metals - IIM 2019

Abstract Slagging of the ash inside the furnace boiler causes operational problems such as furnace shutdowns and low heat exchange efficiency. To avoid this problem, ash fusion temperature (AFT) parameter has been well accepted for determining the ash fusion characteristics since many years. In this paper, an extensive study has been conducted on the deposition characteristics of ash particles based on the viscosity and phase transformation properties in boiler operation. The FactSage thermodynamic software package is utilized for the phase transformations and viscosity predictions of coal ash in furnace operating temperatures. The effect of solid or crystalline fractions in slag phase on the viscosity is calculated by using the Roscoe equation. Calculations show that an increase in solid fractions increases the viscosity of the slag phase. AFT analysis of coal samples for the present study shows that their IDT and FT values are higher than 1340 °C and 1470 °C, respectively. The reason for the high IDT and FT in Indian origin coals is the formation of high-temperature-stable phases—tridymite and sillimanite. Furthermore, the numerical viscosity models developed by using the Roscoe viscosity equation are correlated with the experimental AFT results.

Keywords Viscosity · FactSage · AFT · Crystalline phases · Phase transformations

1 Introduction

In India, electricity production has expanded dramatically to ease the energy shortages throughout the country. Most of the newly established power generation plants will be fueled by Indigenous coal resources to reduce the overall cost burden of imported coals. However, Indian coals are characterized by high ash content (20–40 wt%) as compared to imported coals (7.5–15 wt%), while in the case of sulfur content, this scenario is opposite because Indian origin coal has very less sulfur content which is advantageous in low greenhouse gaseous emissions [1].

High ash content in the Indian coal causes problems such as furnace shutdowns and low efficiency in the heat exchangers. It is important to understand the ash characteristics in the boilers for efficient operation. Many researchers have stated that ash fusion temperature (AFT) parameter gives a good idea on the stability and fusion characteristics of ash in boilers and gasifiers. However, this parameter is useful only in finding fusion temperatures and flow properties. AFT does not give any information about phase transitions and first slag melt temperature characteristics of coal ash. AFT of the coal ash is dependent on the composition, heating rates and several other factors [2]. A lot of work has been done on the dependency of AFT on the ash composition of coal. Gupta et al. [3] studied the progressive changes in chemical characteristics and ash fusion mechanisms on the shrinkage of coal ash when it is heated. It can be seen that the temperature corresponds to 50% of the shrinkage in the thermomechanical analysis test which is related to extensive melting of phase. Various authors expressed the ash fusibility with respect to the acid-to-base ratio in the coal ash and the effect of different oxide compounds in coal ash on the fusion temperatures and viscosity [4, 5].

✉ Priya Ranjan Mishra
mishranit90@gmail.com

[1] Metallurgical and Materials Engineering, National Institute of Technology, Jamshedpur, India

[2] CSIR-NML-ANC Division, Jamshedpur, India

Published online: 24 October 2019

DOCUMENTO TÉCNICO

Análise da viscosidade do carvão de origem indiana utilizando o FactSage a diferentes temperaturas

Priya Ranjan Mishra[4 5] · Rina Sahu[1] · Sanchita Chakravarty[6]

✉ Priya Ranjan Mishra mishranit90@gmail.com
[5] Engenharia Metalúrgica e de Materiais. Instituto Nacional de Tecnologia, Jamshedpur. Índia
[6] Divisão CSIR-NML-ANC. Jamshedpur. Índia

Publicado online: 24 de outubro de 2019

Recebido: 2 julho 2019/Accepted: 11 de outubro de 2019 © The Indian Institute of Metals - IIM 2019

Resumo A escória das cinzas no interior da caldeira da fornalha causa problemas operacionais, tais como paragens da fornalha e baixa eficiência de troca de calor. Para evitar este problema, o parâmetro da temperatura de fusão das cinzas (AFT) tem sido bem aceite para determinar as características de fusão das cinzas desde há muitos anos. Neste trabalho, foi efectuado um estudo exaustivo sobre as características de deposição das partículas de cinzas com base nas propriedades de viscosidade e de transformação de fase no funcionamento da caldeira. O pacote de software termodinâmico FactSage é utilizado para as previsões das transformações de fase e da viscosidade das cinzas de carvão nas temperaturas de funcionamento da fornalha. O efeito das fracções sólidas ou cristalinas na fase de escória sobre a viscosidade é calculado utilizando a equação de Roscoe. Os cálculos mostram que um aumento das fracções sólidas aumenta a viscosidade da fase de escória. A análise AFT das amostras de carvão para o presente estudo mostra que os seus valores de IDT e FT são superiores a 1340° C e 1470° C, respetivamente. A razão para os elevados IDT e FT nos carvões de origem indiana é a formação de fases estáveis a altas temperaturas - tridimite e sillimanite. Além disso, os modelos numéricos de viscosidade desenvolvidos utilizando a equação de viscosidade de Roscoe estão correlacionados com os resultados experimentais de AFT.

Palavras-chave Viscosidade · FactSage ■ AFT ■ Fases cristalinas · Transformações de fase

1 Introdução

Na Índia, a produção de eletricidade expandiu-se dramaticamente para atenuar a escassez de energia em todo o país. A maioria das novas centrais de produção de eletricidade será alimentada por recursos de carvão endógeno, a fim de reduzir o custo global do carvão importado. No entanto, os carvões indianos são caracterizados por um elevado teor de cinzas (20-40 wt%) em comparação com os carvões importados (7,5-15 wt%), enquanto que no caso do teor de enxofre, este cenário é oposto, porque o carvão de origem indiana tem um teor de enxofre muito menor, o que é vantajoso em termos de baixas emissões de gases com efeito de estufa [1].

O elevado teor de cinzas no carvão indiano causa problemas como a paragem da fornalha e a baixa eficiência dos permutadores de calor. É importante compreender as características das cinzas nas caldeiras para um funcionamento eficiente. Muitos investigadores afirmaram que o parâmetro da temperatura de fusão das cinzas (AFT) dá uma boa ideia da estabilidade e das características de fusão das cinzas nas caldeiras e nos gaseificadores. No entanto, este parâmetro é útil apenas para determinar as temperaturas de fusão e as propriedades de fluxo. O AFT não fornece qualquer informação sobre as transições de fase e as características da temperatura de fusão da primeira escória das cinzas de carvão. A AFT das cinzas de carvão depende da composição, das taxas de aquecimento e de vários outros factores [2]. Muito trabalho tem sido feito sobre a dependência da AFT da composição das cinzas de carvão. Gupta et al. [3] estudaram as alterações progressivas das características químicas e dos mecanismos de fusão das cinzas na contração das cinzas de carvão quando estas são aquecidas. Verifica-se que a temperatura corresponde a 50% da retração no ensaio de análise termomecânica, o que está relacionado com a fusão extensiva da fase. Vários autores expressaram a fusibilidade da cinza em relação à relação ácido-base na cinza de carvão e o efeito de diferentes compostos de óxido na cinza de carvão nas temperaturas de fusão e viscosidade [4, 5].

71

I want morebooks!

Buy your books fast and straightforward online - at one of world's fastest growing online book stores! Environmentally sound due to Print-on-Demand technologies.

Buy your books online at
www.morebooks.shop

Compre os seus livros mais rápido e diretamente na internet, em uma das livrarias on-line com o maior crescimento no mundo! Produção que protege o meio ambiente através das tecnologias de impressão sob demanda.

Compre os seus livros on-line em
www.morebooks.shop

Printed by Books on Demand GmbH, Norderstedt / Germany